U0243427

格致方法·定量研究系列　吴晓刚　主编

多元时间序列模型

[美] 帕特里克·T.布兰特(Patrick T.Brandt)
约翰·T.威廉姆斯(John T.Williams) 著
辛济云 译

SAGE Publications ,Inc.

格致出版社　上海人民出版社

出版说明

由香港科技大学社会科学部吴晓刚教授主编的“格致方法·定量研究系列”丛书，精选了世界著名的 SAGE 出版社定量社会科学研究丛书中的 35 种，翻译成中文，集结成八册，于 2011 年出版。这八册书分别是:《线性回归分析基础》、《高级回归分析》、《广义线性模型》、《纵贯数据分析》、《因果关系模型》、《社会科学中的数理基础及应用》、《数据分析方法五种》和《列表数据分析》。这套丛书自出版以来，受到广大读者特别是年轻一代社会科学工作者的欢迎，他们针对丛书的内容和翻译都提出了很多中肯的建议。我们对此表示衷心的感谢。

基于读者的热烈反馈，同时也为了向广大读者提供更多的方便和选择，我们将该丛书以单行本的形式再次出版发行。在此过程中，主编和译者对已出版的书做了必要的修订和校正，还新增加了两个品种。此外，曾东林、许多多、范新光、李忠路协助主编参加了校订。今后我们将继续与 SAGE 出版社合作，陆续推出新的品种。我们希望本丛书单行本的出版能为推动国内社会科学定量研究的教学和研究作出一点贡献。

总序

往事如烟,光阴如梭。转眼间,出国已然十年有余。1996年赴美留学,最初选择的主攻方向是比较历史社会学,研究的兴趣是中国的制度变迁问题。以我以前在国内所受的学术训练,基本是看不上定量研究的。一方面,我们倾向于研究大问题,不喜欢纠缠于细枝末节。国内一位老师的话给我的印象很深,大致是说:如果你看到一堵墙就要倒了,还用得着纠缠于那堵墙的倾斜角度究竟是几度吗?所以,很多研究都是大而化之,只要说得通即可。另一方面,国内(十年前)的统计教学,总的来说与社会研究中的实际问题是相脱节的。结果是,很多原先对定量研究感兴趣的学生在学完统计之后,依旧无从下手,逐渐失去了对定量研究的兴趣。

我所就读的美国加州大学洛杉矶分校社会学系,在定量研究方面有着系统的博士训练课程。不论研究兴趣是定量还是定性的,所有的研究生第一年的头两个学期必须修两门中级统计课,最后一个学期的系列课程则是简单介绍线性回归以外的其他统计方法,是选修课。希望进一步学习定量研究方法的可以在第二年修读另外一个三学期的系列课程，其中头两门课叫“调查数据分析”，第三门叫“研究设计”。除此以外，还有如“定类数据分析”、“人口学方法与技术”、“事件史分析”、“多层线性模型”等专门课程供学生选修。该学校的统计系、心理系、教育系、经济系也有一批蜚声国际的学者，提供不同的、更加专业化的课程供学生选修。2001 年完成博士学业之后，我又受安德鲁·梅隆基金会资助，在世界定量社会科学研究的重镇密歇根大学从事两年的博士后研究，其间旁听谢宇教授为博士生讲授的统计课程，并参与该校社会研究院(Institute for Social Research)定量社会研究方法项目的一些讨论会，受益良多。

2003 年，我赴港工作，在香港科技大学社会科学部，教授研究生的两门核心定量方法课程。香港科技大学社会科学部自创建以来，非常重视社会科学研究方法论的训练。我开设的第一门课“社会科学里的统计学”(Statistics for Social Science)为所有研究型硕士生和博士生的必修课，而第二门课“社会科学中的定量分析”为博士生的必修课(事实上，大部分硕士生在修完第一门课后都会继续选修第二门课)。我在讲授这两门课的时候，根据社会科学研究生的数理基础比较薄弱的特点，尽量避免复杂的数学公式推导，而用具体的例子，结合语言和图形，帮助学生理解统计的基本概念和模型。课程的重点放在如何应用定量分析模型研究社会实际问题上，即社会研究者主要为定量统计方法的“消费者”而非“生产者”。作为“消费者”，学完这些课程后，我们一方面能够读懂、欣赏和评价别人在同行评议的刊物上发表的定量研究的文章；另一方面，也能在自己的研究中运用这些成熟的方法论技术。

上述两门课的内容,尽管在线性回归模型的内容上有少量重复,但各有侧重。"社会科学里的统计学"(Statistics for Social Science)从介绍最基本的社会研究方法论和统计学原理开始,到多元线性回归模型结束,内容涵盖了描述性统计的基本方法、统计推论的原理、假设检验、列联表分析、方差和协方差分析、简单线性回归模型、多元线性回归模型,以及线性回归模型的假设和模型诊断。"社会科学中的定量分析"则介绍在经典线性回归模型的假设不成立的情况下的一些模型和方法,将重点放在因变量为定类数据的分析模型上,包括两分类的 logistic 回归模型、多分类 logistic 回归模型、定序 logistic 回归模型、条件 logistic 回归模型、多维列联表的对数线性和对数乘积模型、有关删节数据的模型、纵贯数据的分析模型,包括追踪研究和事件史的分析方法。这些模型在社会科学研究中有着更加广泛的应用。

修读过这些课程的香港科技大学的研究生,一直鼓励和支持我将两门课的讲稿结集出版,并帮助我将原来的英文课程讲稿译成了中文。但是,由于种种原因,这两本书拖了四年多还没有完成。世界著名的出版社 SAGE 的"定量社会科学研究"丛书闻名遐迩,每本书都写得通俗易懂。中山大学马骏教授向格致出版社何元龙社长推荐了这套书,当格致出版社向我提出从这套丛书中精选一批翻译,以飨中文读者时,我非常支持这个想法,因为这从某种程度上弥补了我的教科书未能出版的遗憾。

翻译是一件吃力不讨好的事。不但要有对中英文两种语言的精准把握能力，还要有对实质内容有较深的理解能力，而这套丛书涵盖的又恰恰是社会科学中技术性非常强的内容，只有语言能力是远远不能胜任的。在短短的一年时间里，我们组织了来自中国内地及港台地区的二十几位研究生参与了这项工程，他们目前大部分是香港科技大学的硕士和博士研究生，受过严格的社会科学统计方法的训练，也有来自美国等地对定量研究感兴趣的博士研究生。他们是：

香港科技大学社会科学部博士研究生蒋勤、李骏、盛智明、叶华、张卓妮、郑冰岛，硕士研究生贺光烨、李兰、林毓玲、肖东亮、辛济云、於嘉、余珊珊，应用社会经济研究中心研究员李俊秀；香港大学教育学院博士研究生洪岩璧；北京大学社会学系博士研究生李丁、赵亮员；中国人民大学人口学系讲师巫锡炜；中国台湾“中央”研究院社会学所助理研究员林宗弘；南京师范大学心理学系副教授陈陈；美国北卡罗来纳大学教堂山分校社会学系博士候选人姜念涛；美国加州大学洛杉矶分校社会学系博士研究生宋曦。

关于每一位译者的学术背景，书中相关部分都有简单的介绍。尽管每本书因本身内容和译者的行文风格有所差异，校对也未免挂一漏万，术语的标准译法方面还有很大的改进空间，但所有的参与者都做了最大的努力，在繁忙的学习和研究之余，在不到一年的时间内，完成了三十五本书、超过百万字的翻译任务。李骏、叶华、张卓妮、贺光烨、宋曦、於嘉、郑冰岛和林宗弘除了承担自己的翻译任务之外，还在初稿校对方面付出了大量的劳动。香港科技大学霍英东南沙研究院的工作人员曾东林，协助我通读了全稿，在此我也致以诚挚的谢意。有些作者，如香港科技大学黄善国教授、美国约翰·霍普金斯大学郝令昕教授，也参与了审校工作。

我们希望本丛书的出版，能为建设国内社会科学定量研究的扎实学风作出一点贡献。

吴晓刚

于香港九龙清水湾

目 录

序

社会学家和经济学家长期以来都着迷于时间序列数据的运用。对此类数据的第一个系统的探究来自威廉·普雷菲尔(William Playfair)的《商业和政治图集》,该书发表于220年前,包含43个时间序列图。通过将英国的国债随时间的变化绘制成图,普雷菲尔清楚地发现了1701年后,1730年西班牙战争和1775年美国独立等历史事件对英国国债的影响。

普雷菲尔的图形包含多于一个时间序列的数据。下图的曲线就是进口和出口随时间变化的图形。清楚地证明了两者之间的关系以及两者与时间的关系。这样的图形说明两个时间序列可能不是相互独立的过程。

尽管时间序列图如此有用,但普雷菲尔的分析依然留下了许多有待进一步回答的问题。是什么导致了进口和出口的增长或下降?进口的数量会对出口的数量产生影响吗?或者反之亦然?也许更重要的是,是什么因素打破了进出口之间的平衡?回答这些问题需要对动态的同时方程作出更为合理的分析,布兰特和威廉姆斯的《多元时间序列模型》被

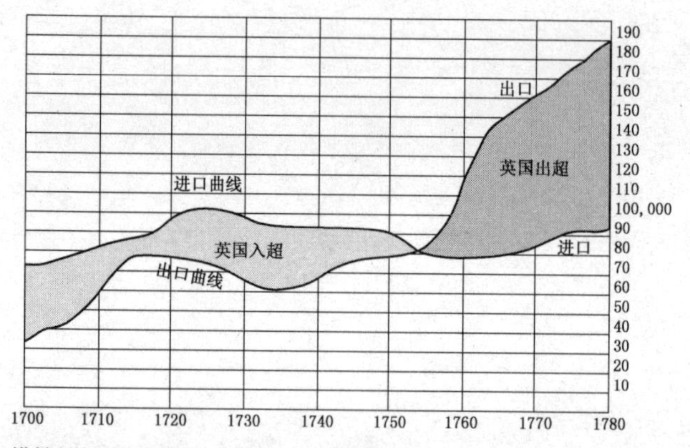

注：横轴是年，右纵轴的单位是 10000 英镑。
资料来源：www.unc.edu/～nielsen/soco208/m2/m2033.jpg。

英国对丹麦和挪威的出口以及从丹麦和挪威的进口额(1700—1780 年)

视为这方面分析的一个有价值的尝试。

本书作者讨论了 4 种主要的时间序列数据建模方法：自回归整合移动平均模型、同时方程模型、误差纠正模型和向量自回归模型。他们集中于向量自回归模型的设定、估计和推论，以及格兰杰因果关系检验和通过冲击反应函数来对变量之间动态关系进行评价。同时，本书还提供了两个向量自回归模型的具体运用实例。

廖福挺

第1章

前 言

本书的完成历时数年。1999年，我第一次提出写作这本书的想法，那时约翰还在密歇根大学的校际政治与社会研究协会讲授时间序列分析的课程，而我是他的助教。但这一想法一直被搁置，直到约翰在2002年重提此事，当然，我们在这期间曾有过多次讨论。

遗憾的是，正在我们合力写作本书的过程中，约翰于2004年9月去世了。在此之前，本书绝大部分的提纲和写作计划已经完成。从如何将观点全面展示出来到如何进行多元时间序列分析，约翰对本书的影响甚大。在写作过程中，我尽可能忠于我和约翰有关本书的最初想法。

本书包括了多元时间序列分析中的一些高级方法。多元时间序列分析是指含有多于一个(内生)变量的时间顺序数据。举例来说，一个模型认定美国人中民主党人的数量决定了公众对于美国政府实施的政策的支持程度，但反过来想一想，这些政策实际上是被不同政党的参与率所影响的。变量中的一些关系可以被最近的历史因素所解释(过去值)，也可能被同时期的因素所解释。所以，我们必须在建立模型时考虑变量之间内生的动态关系。本书致力于描述和推断这种内生的动态关系。

本书在写作时对读者的知识背景做了一些假定。首先,我们认为读者在代数矩阵和方程系统矩阵表达形式方面具有基本的知识。第二,读者应该对普通的线性回归模型有一些了解。最后,读者对单变量时间序列分析应该具有一定的背景知识。

本书的基本写作框架如下:首先对多元时间序列模型的方法论选择和哲学基础做简单的讨论。我们从受到外部因素影响的同时方程模型和单变量时间序列模型展开讨论。这些讨论的目的是为了阐明不同设定和方程识别假设之间的关系。随后,我们讨论了不同的时间序列模型和同时方程模型之间的关系。最后我们介绍了向量自回归模型来代替前两种方法。

第3章着眼于同时方程模型和向量自回归模型的具体机制。我们讨论了向量自回归模型的设定问题和一些数学推导。其中包含对滞后项设定、格兰杰因果检验(外生性检验)、冲击反应的动态分析和预测误差方差的分解,以及向量自回归模型和误差纠正模型之间的关系。

第4章是向量自回归模型的两个运用实例。第一个例子是分析公众对政府政策的态度和宏观的各政党参与情况之间的关系。第二个例子更为复杂,是讨论有效公司数量的政治和经济原因。在本章中,我们将讨论如何根据数据和理论的要求来对模型进行设定。例子中所用到的数据和软件命令(用RATS软件的程序语言写成)可以在以下链接中找到:http://www.utdallas.edu/~pbrandt。这些内容可以帮助读者体验研究的过程是如何进行的。

在附录中,我们讨论了如何选用适合时间序列分析的统计软件。

第2章

对多元时间序列模型的介绍

很多社会科学数据的问题在实质上涉及多元变量并具有动态性。例如,社会公众对于总统工作表现的满意程度与国家总体的经济状况是什么关系?各国的军费投入是彼此相关的还是外生的?A 国对 B 国所采取的行动是否和 B 国对 A 国所采取的行动相关?各主要政党参加人数在美国人中所占的比重是否和他们对国家政策的支持度相关?税率和有商业背景的政治行动团体的比例是什么关系?在上述每一个例子中,我们都可以写出一个方程,将一个变量作为因变量而其他变量作为自变量。但是,这些例子中的不同变量之间可能存在同时性,因此可能存在第二个方程,其中自变量和因变量之间的关系是相反的。

在上述研究问题中,自变量和因变量都可能是内生的。我们发现,存在一些因素既可以解释各政党参加的人数,又和政府的政策存在动态的和内生性的联系。同样,税率的变化会影响具有公司背景的政治行动团体的游说活动,但其同时也受到这些游说活动的影响。在这两个例子(我们将在第 4 章中详细讨论)中,研究者必须考虑两个(或多个)方程,针对每个方程中的每个变量都列出一个方程,并且让方程中每个变量过去的值和现在的值相互影响。

大多数社会科学家在接受统计训练的初期都学习使用回归方程。但是,单一方程的回归模型忽视了这样一个事实,即面对内生的、动态性的关系时,必须利用多个回归方程。分析者可以继续用单一的回归方程来进行估计并寄希望于估计结果不会产生太大的纰漏,或者,分析者可以选择用计量经济学中发展出来的各种技巧来运用多方程模型进行估计。例如似乎不相关回归、分布滞后自回归(ADL)、转换函数模型。但即使是这些方法,也只考虑了估计中极个别的问题,例如,序列相关和内生性。分析者必须面对一些更为复杂的问题,例如,数据是按照时间顺序记录的并且需要将时间段作为分析单位。研究者在处理这些问题时,需要估计一个或多个方程并考虑时间序列的动态性。这就需要我们考虑其他分析方法的优点,例如矩阵自回归、误差修正模型以及(动态)因子分析。因为时间序列数据更有价值——换句话说,它比横截面数据包含了更多的信息——所以如何处理多元时间序列问题是十分关键的。

对动态多方程模型的需求来源于社会科学模型中的两个基本事实。首先,变量之间同时相互影响,因此都被认为是内生变量。而在一个多方程系统中,方程的数量经常和内生变量或因变量的数量相同,但也有例外。[1]尽管分析者的理论兴趣仅仅集中在某一个单独的方程上,并且也只对该方程进行估计,但统计和计量经济理论却要求将所有的方程都考虑进去,否则统计推断将会是有偏或者无效的。其次,当我们考虑多个因变量之间的关系时,每个方程所反映出的变量之间单一的、给定的关系必须放在整个系统中加以考虑。要识别变量之间的关系,最合适的做法就是参考所有方程所提供的信息，这就要求在由所有方程所组成的系统中，有足够多的内生变量被正确地估计。估计需要利用整个系统中的内生变量来对变量之间的关系提供尽可能无偏和有效的估计。[2]

在处理这些问题时，我们希望将变量之间的动态关系放在首位。我们希望知道，一个变量的变化如何影响其他变量，但变量之间的关系可能是内生性的。首先，一个变量的变化对另一个变量的影响可能是滞后的（所以是前一个变量过去的值对后一个变量当下的值产生影响）。另一种情况是，这种关系的变化来自整个方程系统的变化，例如，我们知道的由冲击和创新带来的系统性变化会导致两个或者多个变量同时发生变化，这是因为对一个变量的冲击可能与对另一个变量的冲击是相关的。

在将理论转化成经验的可估计模型的过程中（是指我们对参数进行估计，然后推断总体的过程），一个中心问题是，我们可能并不知道方程或方程之间的关系结构是否真实地反映出模型。也就是说，假设在一些多元概率密度函数 $f(y|\beta)$ 中，利用一系列参数 β 来描述我们观测到的数据 y。如果没有另一组参数 β 的值可以产生同样的概率密度，那么这一概率密度函数将会确定唯一一组的变量关系结构或者一组方程。[3]作为社会科学家，我们并不确定我们写下的方程是否能正确反映具体的模型。这个问题所造成的结果是，许多关于模型及参数解释方面的争论并不是基于模型本身的性质，而是在用来表示模型的方程以及变量之间的关系结构上存在分歧。[4]本书的目的就是列举几种选择方案，帮助社会科学家建立理论并构造时间序列模型。我们将首先强

调一些主要的方法，然后描述这些方法的意义。

社会科学理论的建立遵循以下几个步骤：

首先，研究者必须确定理论中涉及的一些主要变量以及变量之间的关系。在这一过程中，研究者需要审视主要的理论（或一系列理论）来指导其经验问题并且确定构造模型过程中的主要变量以及它们之间的关系。即使存在竞争性的理论，这一过程也不存在问题，因为我们假设变量的时间序列相关是可以被测量的。

其次，一旦理论中涉及的主要变量被确定，研究者就开始进入一个关键阶段，即为模型选择合适函数形式以及数学结构。正是在这一过程中，我们会发现同一个理论可以有不同的模型。在这一阶段中，我们需要决定如何将理论转换成方程。这就要求我们识别方程并且用足够的限制条件来使方程存在唯一一组参数来进行估计和解释。与此同时，我们还需要包括数据、方程以及研究者先验的理论信仰等方面的信息来决定是否正式接受这一选定的模型。[5]

建立理论和模型的第三个阶段是将选定的模型和具体的数据进行拟合并解释估计结果。我们发现，在这一过程中不存在太多的争论，因为我们在如何拟合模型以及用什么标准来判断模型的拟合程度等方面已经达成了广泛的共识（例如无偏性、有效性、最小均方误差以及一致性等等）。但是一个相关的问题却需要我们引起注意，即从模型的估计中确定选定模型的动态特性。因为我们关注的是时间序列模型，所以我们需要关注这一方面的方法。

最后，在模型拟合以及解释结果之后，我们需要重返前几个步骤来评估我们在选定模型时所做的一些决定，并审视理论的哪些部分被支持，哪些部分没有得到支持。

模型建立过程中最关键的步骤是选定具体的函数形式（第二个步骤），其他步骤在很大程度上都依赖于在这一过程中所作出的决定。在选定模型中错误地确定一些变量或者动态特征将会出现和最小二乘模型中一样的问题，即估计的有偏和无效。此外，如果我们没有包含多元系统中的已有的变量关系或重要因素，就会导致同时性偏误。也就是说，这些参数是有误的并且会在解释结果和假设检验过程中产生问题。

针对上述问题，最常用的解决方法是运用标准同时方程模型和单一时间序列模型。尽管这些模型能够解决很多问题，但是依然有局限性。我们接下来将讨论研究者在面对不同模型时应该如何作出权衡和选择。我们将介绍 4 种用于单一和多元时间序列数据的典型方法：自回归整合移动平均法（ARIMA）、同时方程或结构方程系统（SEQ）、误差纠正模型（ECMs）以及向量自回归（VAR）。在本书余下的部分中，我们交换使用同时方程和结构方程。我们将会讨论如何运用上述的每种方式来将动态同时关系模型化。当这种动态同时性关系能够或不能被理论、经验表述或者统计模型准确地设定时，我们将会帮助研究者作出特定的选择。

接下来的内容中最关键部分是，我们更多地强调方法而不是技术。上述所有方法都会运用各种不同的线性回归（最小二乘法、广义最小方差、多层最小方差等）或者最大似然估计。这些方法之间主要的差别是在进行统计推论和结果解释时的不同假设和缺陷。

第1节 | 同时方程方法

第一个建立时间序列多元方程模型的方法是同时方程。同时方程模型目前在社会科学的各个学科中广为运用。这种研究范式主要是由耶鲁大学在20世纪四五十年代发展起来的。这一委员会的初衷是发展出一套运用计量经济学来将经济问题模型化的方法论范式，所以研究者的工作主要是将当时已有的计量经济学方法用于经济学研究中的大规模、多层次方程模型。所以，早期的Cowles模型主要是凯恩斯(Keynesian)宏观经济学理论的经验表述。

建立同时方程的模型是基于将单个理论和方法进行经验表述，然后将其运用于一系列方程。用单一理论来设定多个变量之间的关系，就必须确定哪些变量是外生于方程系统的，而哪些又是内生的。外生变量是那些由系统外因素决定或者被认为是固定不变的因素(在过去或当下的某个时点固定，但并不一定是恒定的)，而另外一些由方程系统决定的变量和方程的因变量就是内生的。所以，同时方程模型的结果就是运用一个单一的结构方程系统来表述变量之间的关系。之所以只关注一个单个理论，是因为多个理论会导致不同的、非嵌套关系的结构方程设定(有关这一点，详见Zellner，1971；Zellner & Palm，2004)。

现在，让我们回到政党参与率和政府政策支持率关系的例子中。用同时方程模型来表述这些变量之间的关系就需要两个方程，每个变量用一个方程。每个内生变量都是其他每个变量及其过去值的函数。对这个系统进行估计，首先需要做的是将方程系统重写为一组简化形式的方程，其中每一个内生变量都是一组预先确定的或者外生变量的函数。这种建模方式中未设定的因素是，如何决定有多少变量的过去值影响当下这个方程系统。或者说，如何将这个方程系统进行识别。典型的方式是由"理论"和假设检验的结果来指导我们包含或舍去某些变量。

用这种方式来建立同时方程模型会出现几个问题。首先，替代理论必须被嵌套在一个可比较的结构内。如果模型不能将其嵌套(由于非线性或者不同设定的问题)，那么这个单一的系统将无法被用来比较不同模型。第二，模型要求在包含或舍去不同变量以及滞后变量时作出选择。两种常见的方法是，将"预先确定"或滞后内生变量限制为外生的，并且将变量只分为内生与外生两种。这里，"理论"指导我们限定模型的参数。我们通常的逻辑是用假设检验的结果来决定变量的取舍，但是这种方法会导致最终模型存在预检验偏误，因为基于检验结果而删除变量会使模型的拟合度非常好，从而让我们过于自信地估计结果。

正如西姆斯所指出的，这种舍弃变量的方法经常不被理论和经验分析所支持(Sims，1980)。这将会导致以下结果，即额外的滞后变量被同时方程模型包含或者舍弃会引发错误的动态关系设定。即使该模型具有白噪音性质或非序列相关的残差，模型的设定也可能是错误的，并且暗示了错误的动态关系设定,因为这种方法对参数空间进行了错误的限定。

最后,这些模型在预测政策效果上往往很差。相反,在这种情况下,一些简单的模型一般会优于复杂的、多方程的同时方程模型。

第2节 | 自回归整合移动平均模型

处理多元时间序列模型的另一个方法来自时间序列视角，这种方法将多元时间序列视为多个单时间序列的集合。在这个假设下，研究者可以运用标准的“博克斯—詹金斯法”或者自回归整合移动平均模型来处理每个单时间序列(Box & Jenkins, 1970)。当我们知道了变量之间的动态关系后，我们就可以建立模型并将一些变量视为冲击、扰动或者其他对自回归模型中自变量产生影响的外生效应。

博克斯—詹金斯方法旨在预测和描述一个时间序列的行为(Granger & Newbold, 1986)。基本的博克斯—詹金斯方法是定义一组模型——也就是自回归整合移动平均模型——来描述一个时间序列。接下来要做的就是将一系列自回归整合移动平均模型和每个时间序列拟合，这样做的目的是选择具有非相关残差的最简化模型。这一方法需要我们指定模型中的内生和外生变量。这一方法在进行预测时非常成功，实际上，博克斯—詹金斯方式的模型在进行预测时优于同时方程模型，主要原因是其简洁性，即模型的建立是运用简化原则并且尽量让数据说话。

运用博克斯—詹金斯方法来研究各政党参与率和政府政策支持率随时间变化的关系问题时，研究策略将按照如下进行：假设我们最感兴趣的是预测公众对某一政策的支持率。我们首先需要建立一个有关公众支持率动态变化的一元自回归整合移动平均模型。接下来，在模型确定后，我们需要做的是加入政党参与率这一协变量来看其是否提高了公众支持率模型的拟合度。方法之一是运用各种政党参与变量的测量方法（包括当下值和各种滞后值），假设检验将会决定哪种测量是最佳的。另一种方法则是让模型去拟合特定的政党参与率的测量。

这种方法在建立多元时间序列模型时具有几个缺陷。首先，它忽视了这样一个事实，即模型中的一些变量可以代表另一些变量的动态变化。如果这种情况出现，那么估计过程将会导致严重的数据过度拟合，因为标准的博克斯—詹金斯方法是运用变量自身的过去值来进行解释。第二，这一方法首先关注的是变量的动态变化本身，而非变量在系统中的普遍关系。第三，由于估计是在不同的方程中进行的——也就是说，一个方程针对一个变量进行估计——因此我们可以认为，除非方程之间是绝对独立的，否则将会存在无效的估计。最后，除非变量是通过某种特定的方式因果相关的，否则将变量放在不同的自回归整合移动平均模型中将会导致无效的估计。原因是，如果一些变量的残差是同时相关的（在每一个相同的时点），那么估计将是无效的。只有当每一个方程的估计结果都是明确的，我们才能运用一系列独立的方程来建立模型。

第 3 节 | 误差纠正模型和伦敦经济学院方法

误差纠正模型是自回归整合移动平均模型以及同时方程模型的一个特例。由于这种模型最初受到伦敦经济学院一些经济学家的推崇和发展,因此也被命名为"伦敦经济学院方法"(Pagan, 1987)。建立误差纠正模型的方法是通过规定变量之间长期关系的方式来设定两个或多个变量的自回归分布滞后模型。

误差纠正模型和自回归整合移动平均模型的区别在于对变量之间长期关系的直接模型化,通常来说,这种关系包括随机趋势和决定趋势。在自回归整合移动平均模型中,这些长期因素、趋势或者单位根被区别对待,从而能建立一个稳定的数据序列来符合自回归整合移动平均模型的要求。但误差纠正模型则是将两个或多个数据序列中的长期因素作为彼此的函数。通过将两个或多个数据序列中的长期因素模型化,误差纠正模型就能获得这些序列的共有特征。利用这一共同特征,误差纠正模型会对所有变量生成一个共同的长期效应模型,并且辅以一个短期效应误差纠正机制,用来描述各个变量如何随着长期因素变化或平衡。

误差纠正模型可以被用于静态和非静态数据。对于静态数据，误差纠正模型可以估计变量之间的普通或平衡关系，并且指出变量是如何围绕这个平衡而发生改变的。这一模型和自回归分布滞后模型的效果相同，后者其实是一个带有外生变量的自回归整合移动平均模型。对于非静态或趋势数据，误差纠正模型的建立需要从一组专门的数据序列开始——两个或多个含有单位根或一阶整合的数据序列。[6]我们可以用单位根检验的方法来确定这一组数据序列（例如增广迪基—福勒检验）。当确定一组数据序列为单位根后，就应该运用专门的估计方法来同时估计数据中变量的长期和短期关系。对于二元关系，可以运用一步或两步误差纠正模型。对于多元时间序列（尤其是具有单位根的数据序列），则需要引入误差纠正向量（VCEM）（详见 Johansen，1995）。这一过程的第一步是确定数据的普通随机趋势。随后，在对长期趋势进行估计之后，运用一个回归模型来估计长期趋势中的各个短期关系。

无论是误差纠正模型，还是多变量情况下的向量误差纠正模型，都是基于对一个多元时间序列回归模型中的长期和短期因素进行描述。研究者可以检验长期和短期动态过程中变量的各种关系以及这些关系是如何随时间发生变化的。对于非静态数据，误差纠正模型保证了时间序列中有一个特殊的“因果”关系（Engle & Granger，1987），这一因果关系被称为“格兰杰因果关系”，其中一个时间序列过去的值必须能够（线性地）预测其他序列的当下值。换句话说，在两个相互关联的时间序列中，变化趋势是由一个变量支配或预测的。这样一来，这些模型就成为同时方程模型的一个特殊例子，因为误差纠正模型是在不同的时间序列中假设并估计一个共同的时间趋势结构。

让我们再次考虑政党参与率和公众对政府政策的支持程度两个变量随时间变化的例子。有些观点认为，这些变量是单位根或非静态的，因为它们是多个序列中持续存在的事件和冲击的加总。如果是这种情况，那么误差纠正模型就是适用的。误差纠正模型可以用于评价变量之间的长期和短期关系以及两个相互关联的变量中的格兰杰因果关系。误差纠正模型可以让研究者运用假设检验来决定多个时间序列中的长期和短期关系结构。利用误差纠正模型来表达变量之间的关系能够给我们提供更多的动态信息，但是我们必须估计各个短期效应的相互关联关系。

利用各种误差纠正模型的思想来建立统计模型并进行推论的方式虽然十分成熟（例如 Banerjee, Dolado, Glbraith & Hendry, 1993)，但是对于非静态数据和单位根数据来说，将会极为复杂。许多经济学变量（消费量、国民生产总值、政府开支）都含有单位根。这是我们在思考这些模型时的一个重要原因，因为误差纠正模型能够让我们正确地看待变量之间长期和短期的动态关系，但是在非静态数据中利用这些模型进行频数推论时却很复杂，这是因为模型中的单位根变量会导致非标准分布以及动态分析计算的复杂性。这就意味着，在对误差纠正关系和误差纠正关系的数量进行假设检验，以及对含有非标准分布参数的模型进行检验时，必须用非标准检验统计表进行模拟和分析（Cromwell et al., 1994; Lutkepohl, 2004)。况且，误差纠正模型中的因果结构可能并不容易确定。西姆斯、斯托克和沃森指出，利用含有多个单位根的误差纠正模型进行推论是十分复杂的（Sims, Stock & Watson, 1990)。

第4节 向量自回归

对多元时间序列建立模型的最后一个方法是向量自回归模型。该模型的使用者并不假设自己已经知道多元时间序列背后的正确结构以及变量之间的潜在关系，取而代之的是关注时间序列中的潜在相关关系以及动态结构。

向量自回归方法在建立模型之初就关注时间序列之间相互关联的动态关系，并且思考以下一系列问题（与同时方程模型相反）：

第一，我们怎么能够认为一些滞后变量不应被包含在每个方程内？或者说，对变量之间动态关系的识别加以限定的做法是否行得通？

第二，一个变量是如何通过时间因素来影响另外一个变量的？

第三，如果一个变量影响方程系统中的一个方程，我们怎么能够认为它不影响另一个或一些方程？

第四，一个合理的观点认为，一个变量可以被其刚刚过去的值加上一个随机项来最好地预测。在这个例子中，变量的过去值具有很小的预测价值，政策制定者和分析者感兴趣的往往是那些随机项，例如创新和政策冲击会引发什么样的结果。在这个框架中，这些冲击是外生变量。

上述几条都是对同时方程模型标准方法的批评。向量自回归和同时方程模型的最主要的差别在于，它对方程系统中的所有时间序列做了一个完整的动态设定。向量自回归的模型化主要基于沃德分解定理（Hamilton，1994：108—109；Wold，1954）。沃德证明，每一个动态时间序列都可以被分割成一组固定项和随机项。

所有这些批评都指向对动态关系的理解。西姆斯对这些批评做出了回应（1972、1980），并基于将系统中的变量进行动态分解的思想，开创了向量自回归方法。他提出了3个拒绝使用标准同时方程模型的原因：

第一，利用同时方程模型时，在参数识别阶段设定限制并不是基于理论的，因此必然导致对模型结构以及估计的错误结论。

第二，同时方程模型一般基于对变量内生和外生性的弱化假设上。因为变量真正的滞后长度并不是预先已知的，所以随后的识别过程所建立的对内生性的假设可能是似是而非的。对动态同时方程模型的正式识别要求对所有变量滞后长度的准确把握，否则，有关识别的一些假设将无法被保持（Hatanaka，1975）。

第三，如果模型中的变量本身就是政策引发的效应，方程识别就可能因为现实中的一些约束条件而产生新的问题。一个合理的批评是，虽然模型被假设在其他条件不变的情况下为真，但实际上，如果这些条件并不是不变的，那么我们就需要评价不同变量识别方式的概率意义。

对于同时方程模型的识别问题，西姆斯提出的处理方法是集中对模型简化形式采取动态识别。这种方法与同时方程模型方法的不同在于，后者关注的是确定模型过程中的识别选择，而西姆斯则是确保对多元时间序列数据建立模型时，能够为一些动态的序列提供完整的表达形式。我们可以运用多元自回归模型来解释所有的动态变量。[7]

西姆斯提出的向量自回归模型是一个通过多元自回归模型，将每个自变量回归到其自身及其他变量的过去值的方程系统。所以，向量自回归模型的建立就取决于对合适变量的选择(基于理论)。在处理方程动态结构的识别问题时，我们必须运用样本数据来检验一个合适的滞后长度。西姆斯认为，向量自回归模型的一个批判性贡献在于，它可以为有关多元时间序列数据的经验争论定义一个合适的"战场"。因为该模型为一系列相关时间序列的动态性以及经验规律提供了一个具体的模型形式。从这一点上来说，我们可以以此为起点来发展及完善经验模型，进而评价理论的争论。

向量自回归模型的逻辑也可被用于政党参与率和公众对政府政策支持度的例子。建立向量自回归模型之前，有关简化形式的动态性的预设被置于中心地位。这与前三种方法有着明显的区别，因为同时方程模型是预设一组变量的结构关系，自回归整合移动平均模型则是预设一个动态过程，误差纠正模型是预设变量之间存在先验的因果关系。因此，向量自回归模型并没有对两个序列之间的关系强加一个可能的结构和动态关系，而是为两个序列各建立一个方程。每个变量都会被回归于其自身以及其他变量的过去值，剩余残差项则被认为是由外生冲击和创新导致的(在序列相关检验之后)。我们可以通过观察每个方程对这些外生冲击的反应来看这些因素如何影响观察到的方程系统。在考虑了这些动态过程之后，接下来要做的就是有关两个变量之间格兰杰因果关系的推断以及确定两个动态序列之间的内生结构。

利用向量自回归方法建立多元时间序列模型并不仅仅依靠单一的理论，而是在没有任何识别假设的前提下，利用多种理论的比较和评价（运用假设检验）的方法来确定模型。因为如果对方程的识别作出预设，那么就会和同时方程模型一样存在问题。由于向量自回归模型中的变量没有预先被分为内生变量和外生变量，我们就不会违反模型设定的错误，也不会将原本是内生的变量错误地设定为外生变量，进而引发同时性偏差的问题。

向量自回归模型和同时方程模型之间最关键的差别在于用不同的方式对待方程识别的预设。在同时方程模型中，方程的识别是固定不变的，是由单一的理论确定的。而在向量自回归方法中，诸如零阶限定这样的预设则被认为是不正确的（从一些方程中排除一些变量，或者在一些方程中省略一些变量的过去值）。因此，为了消除这些不正确的限定所产生的偏差，向量自回归模型被认为可以排除这些变量可能影响估计有效性的偏误。同时方程模型估计中的偏误来源于排除了一些本应该包含在方程中的变量的过去值。按照西姆斯的话来说就是，在对同时方程模型进行识别的过程中，一些变量的部分过去值经常被错误地排除了。这些不正确的限定会导致忽略相关的滞后变量，进而产生忽略变量偏误。缓解这一问题的方法就是尽可能包含所有滞后变量和值（比必要情况下的更多）。这种做法是以牺牲估计有效性的方法来减少估计的偏误。

向量自回归模型的最主要识别预设是变量之间的同期

效应如何互相影响。因为向量自回归模型是依据系统中变量的过去值来设定的，因此方程的识别主要关注对残差或者残差的同期协方差矩阵的设定。这样做的好处是，我们可以把对动态模型的解释和模型的识别区分开来。这一方法还可以让研究者清楚地看到，方程的识别与变量动态变化路径是如何相关联的。

向量自回归模型对数据与模型的相互作用有着不同的理解。向量自回归模型的目标是为数据的动态和相关关系提供一个概率模型(Sims, 1980)。因此，在利用简单无偏的设定对数据动态关系以及模型的不确定性进行说明后，向量自回归模型的估计效果是最佳的。为了达到这个目的，预检验偏误必须被避免(Pagan, 1987)。因此，与经典研究思路的“设定—估计—检验—再设定”逻辑不同，同时方程模型、自回归整合移动平均模型以及向量自回归模型很少用假设检验的方式来证明设定的正确性，这样会得到一个偏差较小的模型及其动态关系的表达式，而不会像其他建立模型的方法那样，虚假地认为得到了一个精确的模型设定。也就是说，一旦我们进入设定—检验的循环，那么得到的推论结果就是检验过程的一个函数，这个结果的可信度比直接进行模型估计后所报告的统计检验以及显著性水平或者 P 值要低。

第 5 节 比较和总结

以上对建立多元时间序列模型的各种可能方法的简单介绍旨在将各种方法与向量自回归方法衔接在一起(Pagan, 1987; Sims, 1996)。自回归整合移动平均模型、误差纠正模型和同时方程模型都是广义向量自回归模型的特例。弗里曼、威廉姆斯和林对向量自回归模型和同时方程模型进行了基本的对比(Freeman, Willianms & Lin)。而本书对不同的模型进行讨论的目的是比较动态关系如何被模型化以及如何进行推论。

表 2.1 对每一个方法进行了概括,对弗里曼、威廉姆斯和林最初的概括进行了拓展。表格呈现了不同的方法在设定时间序列模型时的方法差异。

最关键的一点是,向量自回归是对其他方法的归纳。其他 3 种模型建立的方法只是关注时间序列数据的某些特征,这些特征在实际操作中可能是正确的。但从模型建立和理论检验的观点出发,向量自回归模型则更具有普遍性。

那么,我们为什么推崇向量自回归模型呢?首先,我们并不想排除结构方程模型。实际上,当对模型作出的限定条件与数据和现实相吻合的时候,那么结构方程模型将是一种很好的估计方法。它能够帮助我们更好地进行推论,较好地

表2.1　时间序列各种建模方法的比较

	自回归移动平均整合	误差纠正	结构方程	向量自回归
建模设定	单一理论，着眼于一元时间序列	对协同整合关系和单位根进行检验后，设定长期和短期趋势的动态关系	单一理论以及对内生性和外生性的假定	建立在多个理论基础上并包含多个内生变量
估计	最大似然估计、最小二乘估计	乔纳森过程分析、一阶段或双阶段回归	高阶最小二乘估计和最大似然估计、异方差纠正和序列相关、对正交和过度识别的检验	最小二乘估计和对滞后时长的检验
方法论传统假设检验	对系数进行单独分析	对协同整合关系进行检验并对短期动态关系进行检验	对系数进行单独分析，检验模型的拟合优度	对一组系数进行显著性检验，对外生性进行检验
动态分析	动态乘子和干预分析	协同整合向量分析和冲击反应分析	模拟和模型动态的推断	预测、模型推测、预测误差方差分解和冲击反应分析

概括数据的动态特征以及变量关系的表述。其次，结构方程的建模过程是明确遵照动态关系中变量之间“刺激—反应”关系的假设，因此，按照此假设进行阶段性的建模能够生成一个较为精简的模型。

那么当结构方程模型出现问题时，我们是否应该用向量自回归模型来替代它呢？在以下3种情况下，我们应该这样做：首先，我们已经知道或者检验结果表明，模型中的变量关系结构不符合结构方程模型的设定。其次，当我们要对政策的反事实进行分析时，除非结构方程模型的设定是正确的，否则我们很容易得到错误的推论结果。最后，如果我们的目标是分析一些不确定的动态关系，那么向量自回归模型肯定优于结构方程,因为它不太可能利用一些特设的预检验而对未知的动态关系作出过于精确的假设。

最后要说的是,在一些情况下,我们可能更倾向于用误差纠正模型。例如,我们想同时分离一些时间序列的长期和短期行为,或者当一些趋势变量或根变量存在于一个多元时间序列模型中。在这些情况中,我们实际上还是在运用向量自回归模型,只不过是对多元时间序列模型中含有的长期行为提出一组限定条件或者预设。本书的目的是让研究者懂得如何运用误差纠正模型和向量误差纠正模型。后者是一个更具普遍意义的非限定性向量自回归模型。我们将在下一章继续讨论向量自回归模型和误差纠正模型的关系。

在下一章中,我们概括了向量自回归模型的一些数学特征。接下来讨论如何运用该模型对多元时间序列数据的关系进行推论。

第3章

基本的向量自回归模型

向量自回归模型并非一个统计技术或者方法论，而是对一系列(内生)变量进行动态建模的方法。这一方法是运用多元回归以及多元相依回归来关注多元时间序列的动态性。我们最关心的是数据及其动态性。向量自回归模型的中心要义是，我们必须抱着怀疑的态度来看待数据之间或模型参数之间的关系。

如何持有怀疑的态度？让我们假设一个充满动态关系和相关结构的时间序列数据。请思考我们是如何"看"这个数据的。如果我们用双眼去看，即拥有完整的信息时，那么就可以预先知道数据中蕴含的所有动态关系。但是当我们闭上一只眼睛，即信息相对缺乏时，那么就只能看到部分动态信息，从而失去对数据的整体把握(能看到何种动态关系取决于你看到了哪部分已知信息)。向量自回归模型努力地让我们睁开双眼，不会错误地闭上眼睛，或者被不正确的预设阻碍视线。

那么，向量自回归模型到底是什么呢？简单地说，就是一个相互依存的简化动态模型。对于方程系统中的每一个内生变量都建立一个方程，使这些变量成为其自身过去值以及其他内生变量过去值的函数。一般来说，在每个方程中，每个变量的滞后或者过去值数量是相等的。其他外生变量或者控制变量则会被包含进方程作为额外的自变量。

在本章中,我们将呈现设定和解释一个基本的向量自回归模型时所需的数学细节。我们假设读者仅具有对线性回归模型和代数矩阵的基本知识。从这个基础出发,我们将讨论向量自回归模型的一些特性。

本章有两个目的。第一个目的是展示向量自回归模型如何与其他大家熟知的模型相联系,例如结构方程模型。第二,我们将列出设定、估计和解释向量自回归模型时所需的基本术语和技巧。在第4章中,我们将会基于这些讨论举两个实例。

本章的内容是按照如下顺序进行组织的:首先,我们列出一个动态同时方程模型的通式和一个向量自回归模型,通过比较,我们将呈现后者如何帮助我们"不去损害"我们对数据的理解。接下来,我们将讨论向量自回归模型中主要的模型设定和推论决策。随后,我们将讨论一些细节问题,包括对滞后长度的选择、估计以及向量自回归模型的统计推断。另外,本章对动态反应分析给予了特殊的关注,我们将通过冲击相应矩阵以及预测误差方差分解等方式来达到这一目的。最后,我们还讨论了设定向量自回归模型过程中几个极易被忽视但却被认为是标准做法的步骤。

第 1 节 | 动态结构方程模型

第 2 章概述了动态结构方程模型在计量经济学和社会科学领域的发展历程和基本贡献。在本章中，我们将专门讨论这一模型。我们设想基本动态结构方程模型包含两个内生变量 Y_t 和 Z_t。每个变量都在时间 1，…，T 被观测到。两个变量的滞后值或过去值分别记为 Y_{t-l} 和 Z_{t-l}，其中 $l=1$，2，…，代表在 t 时间之前 l 个阶段所观察到的值。

那么，含有这两个变量的动态结构方程模型系统表达式如下：

$$Y_t = \alpha Z_t + \gamma_{11} Y_{t-1} + \gamma_{12} Z_t l_1 + u_{1t} \qquad [3.1]$$

$$Z_t = \theta Y_t + \gamma_{21} Y_{t-1} + \gamma_{22} Z_{t-1} + u_{2t} \qquad [3.2]$$

其中，

$$u_{it} \sim N\left(0, \begin{pmatrix} \sigma_{11} & \sigma_{12} \\ \sigma_{12} & \sigma_{22} \end{pmatrix}\right)$$

之所以称之为一个同时方程系统，是因为模型中的所有方程都决定了至少一个内生变量的值。换句话说，我们可以在每个方程中看到每个变量的同期值——Z_t 在方程 3.1 的右边，Y_t 在方程 3.2 的右边。模型的同时性来源于这样一个事实，即每个变量都依赖模型中其他变量的同期值，而动态关系则取决于滞后值。

我们将 Y_t 和 Z_t 视为内生变量。那些在 t 时段的模型中就已经被确定的变量(例如 Y_{t-1} 和 Z_{t-1})既可以被视为外生变量,也可以被视为取值已知的滞后内生变量。请注意,这个模型既概括了与内生变量相关的变量的概括,又包含了这些变量之间的时间关系。

方程 3.1 和方程 3.2 中的模型可以被看做结构方程形式的模型。需要注意的是,要对这个系统中的方程进行估计,我们必须用一个方程替换另一个,因为我们至少需要一个方程才能确定另一个方程。并且,我们不能将两个方程分开进行最小二乘法估计,因为忽略一个方程代表忽略了变量之间的同时性,这会导致回归估计中的同时性偏差。而且两个变量的系统是动态的,即每个变量在 t 时段的取值取决于变量在 $t-1$ 时段的值。这就是对变量进行一阶自回归的过程。

为了产生一组可被一致估计的方程,我们采取简化形式。我们将方程3.2带入方程 3.1 来求解 Y_t,这就得到了 Y_t 的下列方程:

$$\begin{aligned} Y_t &= \alpha[\theta Y_t + \gamma_{21} Y_{t-1} + \gamma_{22} Z_{t-1} + u_{2t}] + \gamma_{11} Y_{t-1} + \gamma_{12} Z_{t-1} + u_{1t} \\ &= \alpha\theta Y_t + \alpha\gamma_{21} Y_{t-1} + \alpha\gamma_{22} Z_{t-1} + \alpha u_{2t} + \gamma_{11} Y_{t-1} + \gamma_{12} Z_{t-1} + u_{1t} \end{aligned}$$

$$Y_t(1-\alpha\theta) = (\alpha\gamma_{21}+\gamma_{11})Y_{t-1} + (\alpha\gamma_{22}+\gamma_{12})Z_{t-1} + \alpha u_{2t} + u_{1t}$$

$$Y_t = \frac{(\alpha\gamma_{21}+\gamma_{11})}{(1-\alpha\theta)}Y_{t-1} + \frac{(\alpha\gamma_{22}+\gamma_{12})}{(1-\alpha\theta)}Z_{t-1} + \frac{(\alpha u_{2t}+u_{1t})}{(1-\alpha\theta)}$$

对 Z_t 的简化方程也可以得到:

$$\begin{aligned} Z_t &= \theta[\alpha Z_t + \gamma_{11} Y_{t-1} + \gamma_{12} Z_{t-1} + u_{1t}] + \gamma_{21} Y_{t-1} + \gamma_{22} Z_{t-1} + u_{2t} \\ &= \theta\alpha Z_t + \theta\gamma_{11} Y_{t-1} + \theta\gamma_{12} Z_{t-1} + \theta u_{1t} + \gamma_{21} Y_{t-1} + \gamma_{22} Z_{t-1} + u_{2t} \end{aligned}$$

$$Z_t(1-\theta\alpha) = (\theta\gamma_{11}+\gamma_{21})Y_{t-1} + (\theta\gamma_{12}+\gamma_{22})Z_{t-1} + \theta u_{1t} + u_{2t}$$

$$Z_t = \frac{(\theta\gamma_{11}+\gamma_{21})}{(1-\theta\alpha)}Y_{t-1} + \frac{(\theta\gamma_{12}+\gamma_{22})}{(1-\theta\alpha)}Z_{t-1} + \frac{(\theta u_{1t}+u_{2t})}{(1-\theta\alpha)}$$

这一求解后的系统就是我们所知道的模型的简化形式。这些方程清楚地展现了内生变量如何与预先确定的变量相关联。简化形式可以被写成下列更为紧凑的方式：

$$Y_t = \Pi_{11}Y_{t-1} + \Pi_{12}Z_{t-1} + \varepsilon_{1t} \qquad [3.3]$$

$$Z_t = \Pi_{21}Y_{t-1} + \Pi_{22}Z_{t-1} + \varepsilon_{2t} \qquad [3.4]$$

其中，Π_{ij} 代表在前一个简化方程中，第 i 个方程中变量 j 的系数。这个对 Y_t 和 Z_t 的简化系统可以被最小二乘法估计。但是用最小二乘法估计得到的简化形式系数 Π_{ij} 并不是我们依据理论设定的结构方程 3.1 和方程 3.1 的参数。结构方程的参数必须通过简化形式来进一步获得。我们有 6 个结构方程参数，简化模型却只能估计出 4 个参数，但是从 4 个参数的模型恢复到 6 个参数的模型是十分困难的。这时研究者面临这样一个选择，因为在这种情况下，我们需要作出一些预设来识别模型。这些预设将会影响我们有关结构方程参数的推断以及对数据动态性的描述。

为了更好地说明这一问题，我们假设研究者需要从简化模型的参数来对方程 3.1 中的参数进行恢复，从而得到一个对 α 的一致估计。对 α 的一致估计有一个前提条件，即方程 3.2 不能对方程 3.1 产生与其参数相关的影响。用数学形式来表达，就是 $\theta = 0$，所以 $E(Z_t u_{1t})$ 也将为 0。并且，为了知道对参数 Π_{21} 的最小二乘估计是否满足一致性条件，我们还需要知道 Π_{21} 是否等于 0。换句话说，就是方程系统没有影响因素通过变量的过去值而使对 α 的最小二乘估计无效。但是，知道简化模型参数 Π_{21}，并不能说明模型是否满足这一前提条件 ($\theta = 0$)。我们需要这一条件来使得对 α 的估计满足一致性原则。

让我们来思考能够决定 Π_{21} 和 θ 关系的 3 个识别预设：(1) $\gamma_{21} \neq 0$，但是 $\theta = 0$；(2) $\gamma_{21} = -\theta\gamma_{11}$，所以 $\Pi_{21} = 0$，但是 $\theta \neq 0$；(3) $\gamma_{21} = 0$ 并且 $\gamma_{11} = 0$，但是 $\theta \neq 0$。在第一种情况下，我们假设只有 Y_t 的过去值可被用来预测 Z_t。所以这将不存在方程间的相互影响，但是 Π_{21} 的值将会是 γ_{21}。在第二种情况下，我们假设 Y_t 的过去值和现在值的系数不成比例地相互抵消，因此我们无法用其预测 Y_t 和 Z_t。但是在这种情况下，$\Pi_{21} = 0$ 且 $\theta \neq 0$，所以对 α 的估计将不满足一致性原则。在最后一种情况下，我们认为，虽然 θ 不为 0，但是产生的简化参数却是 0。

上述讨论告诉我们，如何确定简化模型和结构模型之间的参数关系对于解释估计结果的有效性起着至关重要的作用。如何从简化参数恢复结构方程参数的识别决定也对同时方程系统的动态性产生约束。例如在上述第一种情况下，我们假设(有可能是错误的)只有 Y_t 的过去值可以预测 Z_t。在第二种情况下，两个变量之间的同期相关使得 Y_t 的过去值会在两个方程中相互抵消，因此对所描述的模型动态关系产生限制。在最后一种情况下，Y_t 在两个方程中都没有预测值，Y_t 对 Z_t 的所有解释力都仅仅来自同期值。所有这些识别限定都为方程系统的动态性带来了限制。

面对这些表述 Y_t 和 Z_t 关系的极为不同的动态模型，我们就必须借助一些理论来识别方程，而非仅仅追求估计的一致性。但我们其实可以避免这些选择。想想我们在第 2 章中讨论过的替代解释。我们可以在不对结构方程模型进行有可能错误的限定时，只分析简化模型。在这种情况下，我们关注的是变量之间的动态关系，并且允许各种可能的同期关系的出现。

第2节 | 向量自回归的简化形式

为了替代这种存在错误识别假设的同时方程模型，西姆斯提出应该直接对简化模型进行分析(1972、1980)。因为我们对时间序列的分析主要是关注方程系统的动态性，因此直接分析简化模型并不存在问题。实际上，简化模型使我们在评估模型中感兴趣的变量的动态性之后，能够对各种识别预设作出检验。

在针对动态系统的向量自回归模型中，我们将内生变量的系统写成系统中其他既定变量及其已知值的函数。此时的向量自回归模型就是一个由未加限定的简化方程组成的系统。让我们写一个具有 m 个内生变量的方程系统，用 y_{it} 来表示第 i 个自变量，其中 $i=1, 2, \cdots, m$，t 则是时间指标。如果将向量自回归模型的简化模式写成标量形式，那么它就应当包含如下方程：

$$
\begin{aligned}
y_{1t} &= \beta_{10} + \beta_{11} y_{1,t-1} + \cdots + \beta_{1,p} y_{1,t-p} + \cdots \\
&\quad + \beta_{1,m} y_{m,t-1} + \cdots + \beta_{1,mp} y_{m,t-p} + e_{1t} \\
y_{2t} &= \beta_{20} + \beta_{21} y_{1,t-1} + \cdots + \beta_{2,p} y_{1,t-p} + \cdots \\
&\quad + \beta_{2,m} y_{m,t-1} + \cdots + \beta_{2,mp} y_{m,t-p} + e_{2t} \qquad [3.5] \\
&\vdots \\
y_{mt} &= \beta_{m0} + \beta_{m1} y_{1,t-1} + \cdots + \beta_{m,p} y_{1,t-p} + \cdots \\
&\quad + \beta_{m,m} y_{m,t-1} + \cdots + \beta_{m,mp} y_{m,t-p} + e_{mt}
\end{aligned}
$$

对于每一个内生变量,我们都将其回归到自身及其他内生变量的 p 个滞后值。因此,每个方程都包含 $mp+1$ 个回归系数,而整个方程系统总共有 $m(mp+1)=m^2p+m$ 个回归系数。为了方程的完整性,我们还必须对残差的分布作出假设。在这种情况下,我们假设残差的联合分布是正态的,或者 $e_t \sim N(0, \Sigma \otimes I)$,其中 $e_t=(e_{1t}, \cdots, e_{mt})$,$\Sigma$ 是残差项的一个 $m \times m$ 协方差矩阵,I 是 $T \times T$ 的单位矩阵,$\otimes$则是两个矩阵克罗尼克(Kronecker)乘积的一个乘子。[8] 这个模型是一个多元回归模型,其中所有的内生变量都被放在方程的左边,而所有既定的滞后变量都被放在方程的右边。

我们经常可以看到对上述方程 3.5 的另一种表达形式,是用矩阵来表示方程系统。在下面这个表达式中,m 个 t 时点的内生变量是一个$(1 \times m)$的向量和 $y_t=(y_{1t}, y_{2t}, \cdots, y_{mt})$,系数 β 则用矩阵 B_l 表示:

$$y_t = c + \sum_{l=1}^{p} y_{t-l} B_l + e_t \qquad [3.6]$$

表达式中的 c 是截距(β_{i0})的向量,y_{t-l}是 l 个滞后变量的 $1 \times m$ 向量,B_l 的 $m \times m$ 矩阵是第 l 个滞后项的系数($\beta_{i,1}$ 到 $\beta_{m,mp}$)。最后,e_t 是 $1 \times m$ 向量的残差。

方程 3.5 的最后一种表达方式可以看做一个多元回归模型的特殊形式。该模型可以被写成矩阵形式:

$$\boldsymbol{Y} = \begin{pmatrix} y_{11} & \cdots & y_{m1} \\ \vdots & \ddots & \vdots \\ y_{1T} & \cdots & y_{mT} \end{pmatrix}, \boldsymbol{X} = \begin{pmatrix} y_{1,t-1} & \cdots & y_{mp,t-p} \\ \vdots & \ddots & \vdots \\ y_{1,T-1} & \cdots & y_{mp,T-p} \end{pmatrix}$$

其中用数学符号来表示从 1 到 T 的所有观察值,所以模型就可以写为：

$$\boldsymbol{Y} = \boldsymbol{X}\boldsymbol{B} + e \qquad [3.7]$$

其中，$\boldsymbol{Y}$ 是内生变量从 1 到 T 时点的 $T\times m$ 矩阵，$\boldsymbol{X}$ 是滞后内生变量的 $T\times(mp+1)$ 矩阵，而 $\boldsymbol{B}$ 则是将所有自回归矩阵合并后的$(mp+1)\times m$ 矩阵，对于 B_l，$l=1, 2,\cdots, p$。

请注意，向量自回归模型的简化形式和从方程 3.3 中推导出来的同时方程模型的简化形式是一样的。在方程 3.3、方程 3.5、方程 3.6 中，内生变量在 t 时点的值是因变量，而解释变量则是所有的滞后项。因此，我们没有武断地限定方程到底应该包含多少个滞后项，因为每个方程所包含的滞后项的数量是相等的。在下一节中，我们将更为正式地展示如何将向量自回归模型的简化形式作为广义的动态同时方程模型。同时，我们还要讨论如何对这一简化形式进行估计以及推论。在随后的章节中，我们将方程 3.6 和方程 3.7 作为向量自回归模型的表达式。

第 3 节 向量自回归模型与动态同时方程模型的关系

在本节中，我们将讨论如何将向量自回归模型作为广义动态同时方程模型的表达形式。在这之前，我们要先定义一个动态同时方程模型更加普遍的形式。如果我们要用向量形式写出下列动态方程系统：

$$y_t A_0 = d + y_{t-1} A_1 + y_{t-2} A_2 + \cdots + y_{t-p} A_p + u_t \quad [3.8]$$

其中，参数和数据的行向量被定义为：

$$y_t = (y_{1t},\ y_{2t},\ \cdots,\ y_{mt})$$
$$u_t = (u_{1t},\ u_{2t},\ \cdots,\ u_{mt})$$
$$d = (d_1,\ \cdots,\ d_m)$$
$$u_t \sim N(0,\ I)$$

其中，残差形式以一个均值为 0 的 $m \times m$ 单位协方差矩阵表示。A_i 矩阵是一个 $m \times m$ 矩阵，代表系统内内生变量的滞后值带来的影响。A_0 矩阵则代表内生变量之间的同期关系。为了确保系统的识别，我们要求 A_0 必须是一个可逆的满秩矩阵，即存在 A_0^{-1}。

如果我们在方程 3.8 的两端同时乘以 A_0^{-1}，那么可得到方程3.9：

$$y_t = c + y_{t-1}B_1 + y_{t-2}B_2 + \cdots + y_{t-p}B_p + e_t \quad [3.9]$$

其中，$c = dA_0^{-1}$，$B_i = A_iA_0^{-1}$，$i = 1, 2, \cdots, p$，$e_t = u_tA_0^{-1}$。方程3.9是方程3.8的简化形式。这与广义向量自回归模型的方程3.6具有相同的形式，即内生变量的同期值被回归到其自身以及系统内其他变量的过去值。

向量自回归模型简化形式中的同期关系实际上是对残差的协方差进行参数化的一个步骤，因为对同期关系的识别或正交是通过对 A_0 矩阵的参数化来完成的。为了展示结构方程中的同期关系如何成为残差简化形式的一个组成部分，我们先计算出残差项 e_t 的协方差矩阵，Σ 是矩阵 A_0 的同期结构函数：

$$\begin{aligned}\Sigma = V[e_t] = E[e_t'e_t] = E[A^{-1}{}'_0 u_t'u_tA_0^{-1}]\\ = A_0^{-1}{}'E[u_t'u_t]A_0^{-1} = A_0^{-1}{}'IA_0^{-1} = A_0^{-1}{}'A_0^{-1}\end{aligned}$$

向量自回归模型的一个重要结论是对同期关系加以限定。换句话说，同时方程模型中的 A_0 矩阵是由向量自回归模型残差协方差的关系决定的。

我们为什么要将同期关系包含在残差项的方差中呢？在识别同时方程模型时，这种同期关系恰恰是排除一些变量的根据。但是正如我们在第2章中所说的，向量自回归模型是非限定性的简化形式，它包含所有有意义的变量，且不做任何可能错误的识别假设，而是对动态关系采取无限制的表述形式。我们可以用估计出来的模型来评价结构方程和对动态关系的设定，而不是用预先设定的参数来误导我们的推论。

第4节 | 模型的运用

我们如何运用向量自回归模型呢?由于该模型和特定的结构模型紧密联系,那么其目的是什么呢?一般来说,研究者运用向量自回归模型主要是为了完成以下几件事:第一,确定内生变量之间的因果关系;第二,模型中一个变量的变化对其他变量的动态影响;第三,每个变量的方差有多少可以被自身变化所解释,又有多少可以被其他变量所解释?

第一件事可以运用格兰杰因果的思路来确定。为了确定格兰杰因果关系,必须运用一个假设检验来确定一个变量对预测另一个变量而言是否具有统计上的有效性。如果可以,我们接下来要做的就是基于数据关系来建构因果顺序。当然,必须对这些数据关系作出更具体的识别假设。这一检验的价值在于,它实现了将社会科学领域的许多假设归结为对变量之间外生性的探求。格兰杰因果思想通过将变量 X 放入对 Y 的预测方程中,从而将 X 的外生性与 Y 的预测值联系在一起。

第二,评价一个变量对其他变量的动态影响,可以看成是在一个单方程的时间序列分析中测量方程右边变量的变化所带来的长期、短期影响乘数。多方程的情况类似于冲击反应函数(IRF)或者移动平均反应分析(MAR)。这些多元动态乘数可以被用于检验变量之间是否存在动态的因果关系。通过转化向量自回归方程系统求解移动平均式的过程，我们可以得到其冲击反应函数(转化取决于识别假设)。我们之所以要对移动平均式进行转化，是因为这样可以看到外生冲击对方程系统的影响，并且找出方程是如何对这些冲击作出反应的。我们还可以通过移动平均式来分析对内生变量的同期相关关系所做的不同的识别假设。

评价向量自回归模型的最后一个方法是确定每个变量的方差有多少可以归因于其他变量的动态变化。这一过程也称为"创新计算"或者"预测误差方差分解"。运用这种方法时，我们必须知道变量的预测方差中有多少是因为变量 i，又有多少可以归于变量 j。这就使我们能够观察一个变量的变化如何导致另一个变量的变化。一个变量的预测误差越多地被另一个变量解释，那么后者对于预测和解释前者来说就具有越重要的意义。在这里，我们是想知道变量的预测动态性有多少来源于变量间的同期关系，又有多少来源于方程系统的动态性。

上述3种对向量自回归分析的可能性解释是为了让我们在简化模型的基础上更好地理解变量变化所产生的动态影响。与结构方程模型专注于具体的参数不同(这些参数有可能被错误地设定)，向量自回归只是尽可能地描绘模型的动态性。上述所有模型都是在探讨这样一个问题：一组相关的时间序列变量如何在不同时间段上相互影响。

在介绍向量自回归模型的解释方法之前，我们先对其设定与估计的细节做一些讨论。随后我们将回到格兰杰因果、冲击反应分析以及创新计算等话题。

第 5 节 | 向量自回归模型的设定与分析

在对向量自回归模型系统中的方程进行设定的最初阶段，研究者会面临一些与标准的自回归整合平均移动模型或博克斯—詹金斯单时间序列分析不同的问题。首先，数据的多元性使得一些检验方法变得更为复杂甚至无效，例如设定搜索时的自相关函数。其次，对向量自回归模型简化形式的估计需要设定一个滞后时长 p。第三，解释外界冲击对方程的动态影响需要我们对所有变量的同期关系作出识别。最后，对系统的设定决定着向量自回归模型的估计方法。我们会在随后的章节中处理这些问题。

向量自回归模型的估计

对于非限定性向量自回归模型来说，方程 3.7 的最大似然估计是：

$$\boldsymbol{B} = (\boldsymbol{X}'\boldsymbol{X})^{-1}\boldsymbol{X}'\boldsymbol{Y} \qquad [3.10]$$

请注意，$\boldsymbol{B}$ 是一个 $(mp+1)\times m$ 的回归系数矩阵，其中，j 列代表 j 个变量的回归系数。由于残差的误差协方差被假定为分块矩阵,所以它看起来与回归模型是无关的。因此,我们并不需要马上估计 m 个方程,而是一个接一个地运用最小二乘估计来获得一致性的估计值。[9] 在这些情况下,由于没有对向量自回归的系数进行限定,估计是通过对 m 个方程进行逐步最小二乘估计来完成的,每个方程都有一个模型中的因变量。

残差的协方差矩阵可以被看成样本残差:

$$\hat{\Sigma} = \frac{1}{T}\sum_{t=1}^{T} \hat{e}_t{}'\hat{e}_t, \qquad [3.11]$$

其中,$\hat{e}_t$是方程 3.6 中多元回归后残差的 $1\times m$ 矩阵。这是所有观测值的样本误差协方差矩阵。

滞后时长设定

标准的向量自回归模型系数和估计值取决于对滞后时长的设定。虽然在前面的讨论中有所涉及,但是我们必须为具有不同滞后时长的模型选定一个合适的统一滞后时长 p。

主要有两种方法可以被用于检验向量自回归模型的滞后时长。第一种是基于过往经验(特别是经济的周期循环)和数据的周期性。第二种则基于正式的假设检验。

向量自回归模型滞后时长设定的经验法则

利用经验法则,向量自回归模型已经包含了足够的滞后值来把握数据的完整周期。对于月度数据,至少包含 12 个滞后值。更典型的例子是我们还拥有跨年的季节性数据,这样就可以运用 13 到 15 个滞后值。对于季度数据,我们一般采用 6 个滞后值。这对于处理周期性的年度数据后余下的一些季度数据而言已经足够。为了确保估计的稳健性，我们可以利用下文将要讨论的检验方法，以最多 8 到 10 个滞后值来对模型进行评价。对于月度或者季度数据，这些滞后时长足够处理主要的季节性。这一点非常重要，因为即使是在非季节性数据中，也依然存在一些需要被模型化的季节趋势。[10]

最后一个经验法则是，选择的滞后时长不能大于任何一个方程自由度的 1/4。因此，如果一个时间序列拥有 120 个时点的数据，那么滞后值的数量应满足 $mp+1<T$，其中，m 是内生变量的数量，p 是滞后长度，T 是观察值的总数。所以，如果系统中有 3 个变量，那么滞后时长应该满足 $3p+1<120$ 或者 $p<119/3$，大约是 40 个滞后值。之所以作出这样的限制，是出于两个原因：其一，向量自回归模型的自由度太低会导致估计的相对无效；其次，在估计中运用过多的滞后值会导致最小二乘法无法计算出系数。[11]

尽管这些规则非常概括，但它们是我们选定滞后时长的起点。对于非月度和季度数据，我们的方法并不适用。接下来，我们将运用假设检验的方法对 p 和 $p-1$ 的滞后时长的不同设定进行更为正规的评估。

向量自回归模型滞后时长设定的检验

两个经典的统计检验可以被用来评估向量自回归模型的滞后时长设定。第一个是基于似然比检验，即比较含有 p 个滞后值的模型与含有 $p-1$ 个滞后值的模型所达到的最大似然值。向量自回归模型的最大似然函数可以被写成：

$$L(\hat{\Sigma}, \boldsymbol{B}, p) = -\frac{Tm}{2}\log(2\pi) + \frac{T}{2}\log|\hat{\Sigma}^{-1}| - \frac{Tm}{2} \quad [3.12]$$

其中，$\hat{\Sigma}^{-1}$ 是估计误差协方差矩阵的转置矩阵（见方程 3.11）。而 $\log|\hat{\Sigma}^{-1}|$ 是 $\hat{\Sigma}^{-1}$ 决定值的对数形式，即误差协方差矩阵的转置矩阵。似然函数中的 $\boldsymbol{B}$ 取决于滞后长度 p。因此，我们可以十分明确地利用 $L(\hat{\Sigma}, \boldsymbol{B}, \mathrm{p})$ 来定义最大似然函数。

最正式的检验方法是为两个含有不同滞后时长的模型构造各自的似然比检验值或卡方检验值，然后再进行比较。这里的卡方检验十分重要，因为它可以帮助我们确定向量自回归模型是否解释了数据中所有的动态关系，但是这一检验在渐进条件（T 趋向于正无穷）下才比较准确。模型检验的虚无假设以及备择假设如下：

H_0：虚无模型　向量自回归模型含有 $p = p_0$ 个滞后值
H_1：备择模型　向量自回归含有 $p = p_1$ 个滞后值（$p_1 > p_0$）

对含有 $p_1 > p_0$ 个滞后值的模型进行似然比检验可以写成如下形式：

$$(T-1-mp_1)(\log|\hat{\Sigma}_0| - \log|\hat{\Sigma}_1|) \qquad [3.13]$$

其中，$\hat{\Sigma}_i$ 是含有 p_i 滞后值的向量自回归模型的误差协方差。[12]这一检验值服从 $m^2(p_1 - p_0)$ 的卡方分布。自由度可以通过如下方法得出，即从每个方程的每个变量中除去 $p_1 - p_0$ 个滞后值所造成的影响。因为模型中共有 m 个内生变量，所以假设检验中加以限定的模型减少了 $m^2(p_1 - p_0)$ 个变量。之所以会发生这种情况，是因为假设检验中的模型被限定只能包含少于 $m^2(p_1 - p_0)$ 个滞后值。

我们经常对这一检验进行小样本纠正。第一，检验是以 F 检验的形式给出的。实际上，这是在给定自由度的情况下,对卡方统计量进行重构,所以在渐进条件下,两者是相同的。第二,在计算最小二乘估计的标准差或者对样本方差的计算进行小样本纠正时,一般的做法是对向量自回归模型中每个方程的估计参数都进行似然比卡方检验。请注意,我们已经在上文中提及如何进行误差纠正。在运用方程 3.13 进行似然比检验时,用 T,也就是观测值的个数,减去非限定模型(mp_1+1)中每个方程的参数值。这样做是为了降低对模型中参数估计的卡方值的大小。这一调整后的统计量服从自由度为 $m^2(p_1-p_0)$ 的卡方分布。这种纠正方法是由西姆斯提出的。

对滞后时长进行假设检验经常会遇到一个很复杂的情况:加入方程的参数越多(例如滞后项),最终的似然比的值就越大,相应的拟合度也就越高。这与线性模型中加入更多的自变量会提高模型的拟合优度是一个道理。在这种情况下,似然比检验就可能会选择不正确的滞后时长,因为当似然数随着滞后项的增加而增加时,似然比就不能反映更多的滞后项所带来的影响。在这种情况下,模型的检验就需要对我们进行滞后时长的时间序列检验的预检验偏差进行进一步的纠正(Lutkepohl, 1985、2005)。预检验偏差产生的原因是,我们所估计的是一个序列的检验,所以 p 对 $p+1$ 的检验依赖于 $p-1$ 对 p 检验的结果。这就导致我们应该运用一个更大的临界值或拒绝概率来进行高阶检验。[13] 换句话说,当我们需要在向量自回归模型中加入一个滞后项时,必须提出足够的理由和证据。

对滞后时长进行检验的第二个常用方法是利用信息准则,例如赤池信息准则(AIC)、贝叶斯信息准则(BIC 或 SC)

以及汉南—昆信息准则(HQ)。信息准则是一种在模型拟合度和模型简化程度之间进行权衡的方法。上述信息准则都建立在一个模型似然函数的基础上,并将该模型包含的参数数量作为惩罚因子。对于两个拟合度相等的模型来说(即两个模型具有相同的似然值),惩罚因子较小的更简化模型将会被信息准则认定为更优的选择。

AIC、BIC 和 HQ 信息准则在如何将参数确定为惩罚因子时存在着不同。计算 3 个信息准则的表达式如下,我们假设所计算的是滞后时长为 $p = 0, \cdots, p_{\max}$ 的非限定向量自回归模型。

$$\mathrm{AIC}(p) = T\log|\hat{\Sigma}| + 2(m^2 p + m) \quad [3.14]$$

$$\mathrm{BIC}(p) = T\log|\hat{\Sigma}| + \log(T)(m^2 p + m) \quad [3.15]$$

$$\mathrm{HQ}(p) = T\log|\hat{\Sigma}| + 2\log(\log(T))(m^2 p + m) \quad [3.16]$$

如果该模型所包含的样本容量为 T,且包含 $p_{\max}$ 个滞后项,那么 $\log|\hat{\Sigma}|$ 就是从方程 3.11 中得到的含有 p 个滞后项的模型的误差协方差行列式,而 m 是向量自回归模型中内生变量的个数。计算出的值越小,模型的拟合度就越高,因为在方程 3.14 和方程 3.16 中的前一项是方程 3.12 中似然函数的误差协方差行列式,而后一项是对模型参数数量的惩罚因子,含有更多参数的模型具有更大的惩罚因子。所以对滞后项个数 p 的选择是基于最小的信息准则计算值的。

需要注意的是,每一个被加入 AIC 或者 BIC 计算信息检验的滞后值都会将拟合标准的惩罚因子提高 m^2。增加一个滞后项所带来的变化将小于含有较少滞后项模型的惩罚因子的均值,因为拟合度之间的差别不足以抵消加入更多参数而为模型带来的损失。[14]

一般来说,我们用似然比检验和信息准则检验一起决定滞后时长。因为对向量自回归模型进行最小二乘估计是渐进一致的——模型估计的正确性会随着样本量的增加而提升——而加入更多滞后项造成的损失仅限于估计有效性的降低。但如果模型所包含的滞后项太少,则会遗漏一些动态关系。必须引起注意的是,信息准则检验可能会选择不同的滞后时长,这是由两个原因导致的:(1)信息准则的计算依赖于对 p_{max} 的选择,而 p_{max} 已经足够大(例如一年的月度数据);(2)拟合标准可能会高估向量自回归的真实滞后顺序(Lutkepohl, 2005:第 4 章)。

这里有必要提及有关滞后时长检验的最后两点。首先,所有的滞后时长检验必须基于同一个样本。因为基于小样本的"小"模型所用的滞后项数量也是有限的,有一种尝试是让所有可能的观测值都充当滞后项,但这是不正确的。在寻找合适的滞后长度时,所有的卡方值和拟合标准都应该基于同一个样本进行计算。第二,我们可以设定滞后时长的上限,并且对含有一个滞后项到含有这个上限数量的滞后项的所有模型进行比较。对滞后时长进行选择的目的是用最简化的模型来解释尽可能多的动态关系。

检验残差的序列相关

当残差项不存在时间序列相关时,向量自回归模型的估计结果是十分稳健的。从这个意义上说,我们需要对向量自回归模型的残差项进行时间序列的检验,从而确定不同滞后时期的残差是不相关的。向量自回归模型在设计上允许在 Σ 或者 A_0 矩阵中，残差和同一时期的自变量之间存在相关关系。本章所关注的是，不同时间段的残差是否存在序列相关。

目前进行残差序列相关检验的几个方法都是通过估计一元自回归整合移动平均模型的残差来确定动态关系是否被正确地设定。普遍运用的是以下几种方法，我们将按其复杂程度逐一介绍。第一个方法是对所有变量和残差逐一进行散点图描述。第二个方法包括不同滞后时期的变量自相关和互相关散点图。第三个方法是运用混合统计量。最后一个方法是对滞后序列的检验，在之前已经讨论过。

在对残差中可能存在的序列相关进行检验时，第一个可用的方法就是图形法，即对各时段的残差绘制散点图。这一方法的问题在于，它在很大程度上依赖于分析者对序列相关的识别能力。但我们经常会遇到质量较差的数据，在这种情况下，运用这一方法的难度就加大了。有时序列相关模式是同时发生在几个变量之间。

第二个方法比简单的图形法有所进步。该方法是在每个时段都进行自相关和互相关函数的计算，从而检验是否存在残差的自相关。自相关函数是检验一个变量（在这里是残差）与其自身的过去值之间是否存在相关关系；互相关函数则是针对一个变量的残差是否和其他变量在过去时段的残差有相关关系。这些相关关系可以被绘制成标准自相关函数的图形。运用散点图进行假设检验的方法在这里也同样适用。

第三种方法是混数检验。这种方法更为正式并被用来确定残差项是不是白噪音。在混数检验中，Box-Ljung 和 Q 统计量是一元时间序列建模过程中常见的，其他不同的统计量常见于多元时间序列模型中。这些检验是从一个给定滞后时长的拟合后的向量自回归中计算残差项的序列相关的。对每个检验来说，虚无假设是残差估计值与 h 个滞后项不相关，或者残差估计值与方程 3.7 中的 $T \times m$ 残差矩阵不存在序列相关。虚无假设和备择假设的数学表达式如下：

$$H_0: E[e_t', e_{t-i}] = 0 \ (i = 1, \cdots, h > p)$$
$$H_1: E[e_t', e_{t-i}] \neq 0 \ (\text{对某些 } i = 1, \cdots, h > p)$$

表达式 $E[e_t', e_{t-i}]$ 是在 t 和 $t-i$ 两个时段的残差的协方差。为了检验这一假设，我们为滞后项 h 建立一个多元 Q 统计量：

$$Q_h = T\sum_{j=1}^{T} \operatorname{tr}(\hat{\Gamma}_j' \hat{\Gamma}_0^{-1\prime} \hat{\Gamma}_j \hat{\Gamma}_0^{-1})$$

其中，tr( )是矩阵的迹[15]，$\hat{\Gamma}_j$ 是 t 和 $t-j$ 两个时段的残差协方差矩阵，h 是虚无假设所检验序列相关的滞后时长。残差的样本协方差 $\hat{\Gamma}_i$ 可以通过下列表达式来计算：

$$\hat{\Gamma}_i = T^{-1} \sum_{t=i+1}^{T} \hat{e}_t' \hat{e}_{t-i}$$

其中，e_t 是向量自回归模型的残差。如果模型的滞后时长为 0，那么协方差和残差的协方差矩阵就相同。因此，$\Gamma_0 = T^{-1} \sum_{t=1}^{T} \hat{e}_t' \hat{e}_t = \hat{\Sigma}$。统计量 Q_h 的分布具有渐进性，且服从自由度为 $m^2(h-p)$ 的 χ^2 分布。

对一元时间序列模型进行检验时，Q 统计量在遇到小样本时的效果较差。解决方案是在对从 1 到 h 个滞后值的残差进行序列相关检验时，修改 Q 或者 Box-Ljung 模式的混数统计量。修改后的 Q 统计量的表达式如下：

$$Q_h^* = T^2 \sum_{j=1}^{T} \frac{1}{T-j} \mathrm{tr}(\hat{\Gamma}_j' \hat{\Gamma}_0^{-1\prime} \hat{\Gamma}_j \hat{\Gamma}_0^{-1})$$

该统计量服从自由度为 $m^2(h-p)$ 的 χ^2 分布。该式中的自由度是经过 $T/(T-j)$ 因子纠正过的，用来表示对从 1 到 j 滞后项的相关关系进行估计。

在这两个检验中，对 h 的选择至关重要，因为如果在滞后项 h 前没有序列相关，我们可能就无法拒绝原假设。但是可能在 h 后的滞后项之间存在序列相关。所以，研究者必须选定一个足以反映数据周期性的序列值 h。

另一个替代性的检验是运用布雷施—戈弗雷拉格朗日乘子法来检验多元回归的序列相关。针对多元回归的检验逻辑是，将最小二乘估计模型的残差项回归到因变量的滞后值和残差的滞后值，进而检验这一非限定模型中滞后残差项的回归系数是否为 0。在多元回归中，我们运用对 y_t 的向量自回归模型(p)来对另外两个向量自回归模型进行拟合。

拉格朗日乘子检验法有 4 个步骤。第一步是对非限定的人为设定向量自回归模型进行估计。在这里，我们允许 y_t 的向量自回归模型的残差项存在序列相关的可能。这一步骤通过对下列向量自回归进行估计来完成：

$$e_t = y_{t-1}A_1 + \cdots + y_{t-p}A_p + e_{t-1}B_1 + \cdots + e_{t-h}B_h + u_t \quad [3.17]$$

这一向量自回归是通过将残差项矩阵回归到 y 的第 1 到第 p 个滞后项的残差以及最初的模型中第 1 到第 h 个滞后项的残差。

第二步是对第二个人为设定向量自回归模型进行估计，这一模型是一个限定模型，其中 $B_1 = \cdots = B_h = 0$：

$$e_t = y_{t-1}A_1 + \cdots + y_{t-p}A_p + u_t^R \qquad [3.18]$$

这一限定模型对应的虚无假设是最初的向量自回归模型的残差不存在序列相关。

第三步是为两个人为设定的向量自回归残差模型（方程 3.17 和方程 3.18）构建一个残差协方差：

$$\tilde{\Sigma}_e = T^{-1}\sum_{t=1}^{T} \hat{u}'_t \hat{u}_t$$

$$\tilde{\Sigma}_R = T^{-1}\sum_{t=1}^{T} \hat{u}_t^{R\prime} u_t^R$$

其中，第一个残差协方差矩阵是从非限定人为设定回归中估计出来的，而第二个残差协方差矩阵从第二个限定性的人为设定回归中得出。

最后一步是利用 χ^2 拉格朗日乘子检验统计量来判定向量自回归残差中是否存在序列相关。统计量的计算式如下：

$$\mathrm{LM} = T[m - \mathrm{tr}(\tilde{\Sigma}_e \tilde{\Sigma}_R^{-1})]$$

表达式中的 m 是系统中内生变量的个数，tr( )是矩阵的迹。统计量服从 χ^2 分布，自由度为 hm^2，即不存在残差序列相关的虚无假设下限定模型的参数个数。

最后一个也可能是最典型的确定向量自回归模型是否具有白噪音残差的方法是对模型进行过度拟合。具体做法是拟合一系列向量自回归模型并且检验具有 p^* 个滞后项的限定模型与具有 p^*+1 个滞后项的模型没有差别。这一检验的过程与先前描述的设定滞后长度的分析方法一样，即确保在残差具有白噪音性质的前提下找出最简化的模型。

总的来说，所有对残差进行序列相关的检验在样本容量增加时趋于相等。

如果这些检验方法得出了残差具有序列相关的结论，我们就必须往向量自回归模型中加入更多的滞后项。这些滞后项可以加入每一个方程，而非只显示在序列相关的变量所在的方程中。请记住，向量自回归方法中最典型的检验是过度拟合检验。这与之前概括的确定模型合适的滞后时长的方法一样。在大多数情况下，向量自回归模型的报告中都包含对滞后时长的选择和加入不同滞后时长的结果，以此表明对动态关系设定的稳健性。

格兰杰因果关系

在一个多元时间序列的非限定向量自回归模型中评估变量之间的关系时，涉及一个变量取值的重要问题，这一问题可以通过下列方式来表述：(1)在动态方程系统中，变量 Y_t 的哪一个值预测了 Z_t 的值？(2)在时间序列模型中，变量 Y_t 对于 Z_t 来说是内生的么？(3)变量 Y_t 对 Z_t 的未来值的关系是线性的么？这 3 个问题在多元时间序列模型中评价变量关系被认为是等同的，而问题的答案基于对时间序列模型中格兰杰因果关系的确定(详见 Granger，1969；Sims，1972)。

为了将这一概念进行精确的定义，我们用下列两个变量 (Y_t, Z_t) 的二元向量自回归模型来举例：

$$Y_t = \alpha_0 + \sum_{i=1}^{p} \alpha_i Y_{t-i} + \sum_{i=1}^{p} \beta_i Z_{t-i} + \varepsilon_{1t} \qquad [3.19]$$

$$Z_t = \beta_0 + \sum_{i=1}^{p} \gamma_i Y_{t-i} + \sum_{i=1}^{p} \delta_i Z_{t-i} + \varepsilon_{2t} \qquad [3.20]$$

在这一方程系统中，格兰杰因果关系可以被定义为，对于线性模型，如果 Y_t 的过去值比 Z_t 的过去值更好地预测了 Z_t 的当下值，那么可以说，Y_t 格兰杰导致 Z_t。

上述定义的反命题依然为真。对于方程 3.19 和方程 3.20 来说，如果 Z_t 格兰杰导致 Y_t，那么在 Y_t 表达式中，Z_t 过去值的系数就不为 0，或者说 $\beta_i \neq 0$, $i = 1, 2, \cdots, p$。同样，如果 Y_t 格兰杰导致 Z_t，那么在 Z_t 表达式中，Y_t 过去值的系数就不为 0，或者说 $\gamma_i \neq 0$, $i = 1, 2, \cdots, p$。

格兰杰因果检验的一个途径是评估一个模型中的变量的过去值 $Y_{t-1}, \cdots, Y_{t-p}$ 是否预测了另一个变量 Z_t。最正式的检验方法就是通过对“可能的原因变量并没有导致结果变量的变化”这一虚无假设进行 F 检验或者 χ^2 检验。这一虚无假设被称为“非因果假设”，数学表达式如下：

H_0：格兰杰非因果　Z_t 不能预测 Y_t，如果 $\beta_1 = \beta_2 = \cdots = \beta_p = 0$

H_A：格兰杰因果　Z_t 能够预测 Y_t，如果 $\beta_1 \neq 0$, $\beta_2 \neq 0$, 或者 $\beta_p \neq 0$

请注意，备择假设是至少有一个系数不为 0。这一假设检验可以通过似然比检验或者 F 检验来完成。F 检验相对简单，需要以下两个回归模型[16]：

模型 1(非限定)：$Y_t = \alpha_0 + \sum_{i=1}^{p} \alpha_i Y_{t-i} + \sum_{i=1}^{p} \beta_i Z_{t-i} + \varepsilon_{1t}$

模型 2(限定)：$Y_t = \alpha_0 + \sum_{i=1}^{p} \alpha_i Y_{t-i} + u_{1t}$

进行检验时，我们需要知道总方差(RSS)：

$$\mathrm{RSS}_{\text{非限定}} = \sum_{t=1}^{T} \varepsilon_{1t}^2$$

$$\mathrm{RSS}_{\text{限定}} = \sum_{t=1}^{T} u_{1t}^2$$

检验时，通过比较总残差平方服从自由度为$(p, T-2p-1)$的F分布：

$$F(p, T-2p-1) \sim \frac{(\mathrm{RSS}_{\text{限定}} - \mathrm{RSS}_{\text{非限定}})/p}{\mathrm{RSS}_{\text{非限定}}/(T-2p-1)}$$

如果这一F统计量的值大于所选定的显著性水平的临界值，我们就拒绝虚无假设，即Z_t对Y_t的效应为0，得出Z_t格兰杰导致Y_t的结论。需要注意的是，同样的检验可以被用于检验Y_t和Z_t之间的格兰杰因果关系，即检验方程3.20中的$\gamma_1 = \gamma_2 = \cdots = \gamma_p = 0$。

χ^2检验也常被用于评估格兰杰因果关系。因为当方程中存在大量的变量和滞后项时，F统计量会因为分子和分母的自由度趋近相同而失效，这就导致利用F统计量检验虚无假设会产生偏误。χ^2检验是运用似然比或者沃德检验，其虚无假设与F检验时相同，即所有的系数都同时为0。

两个检验方法具有渐进的相等性，但是F检验更容易操作，且对于两个变量间的因果假设的检验效果较好。

解释格兰杰因果

对格兰杰因果的诸多批评之一是，它并不满足“哲学意义”上的因果定义。这一批评是正确的，因为对于因果关系的标准定义需要找到时间上一致的（一个变量的变化发生在另一个变量变化之前)、统计上显著的非虚假相关(例如,Hamilton, 1994:302—309)。格兰杰因果显然满足前两个条件,但却不一定满足第三个。在前面所讨论的 F 检验和 χ^2 检验只能检验非零滞后值的系数,所以该检验无法评估关系的方向。为了确定变量间的相关关系并不是虚假的,我们需要理论作为指导。

在运用格兰杰因果评估变量之间的时间关系时,我们需要考虑的第二个问题是同期相关。请思考如下例子:假设格兰杰相关假设检验显示,我们不能拒绝非因果性的虚无假设,这就意味着一个变量的过去值不能预测另一些变量的当下值。但是在这样一个系统中,变量可能具有很强的自回归并能够很好地自我预测。如果在多元时间序列模型中存在很高的同期相关性,那么创新或者外部冲击将会是相关的。因此,尽管“因果关系”中的“过去值”不能是现在的,但是时间序列可能存在高度的同期相关性——两个时间序列可能受到普遍相关的创新的影响。因此,格兰杰非因果性的证据并不能说明系统中的时间序列是不相关的。换句话说,变量的过去值之间并不具备预测性。具体例子请见威廉姆斯和麦金尼斯的著作(Williams & McGinnis, 1988)。

第三个需要注意的问题是模型的设定。这包含两个潜在问题:错误的滞后时长设定和忽略与格兰杰原因变量有关的变量。假设在向量自回归模型中,时长设定是不正确的,那么就有以下两种情况:太多滞后项或太少滞后项。如果一个模型包含了太多的滞后项,估计结果可能将是无效的,但依然是无偏的(仅当模型是线性回归时)。因此,假设检验也将是无偏的但是无效的。所以我们很可能在应该拒绝虚无假设时无法拒绝它。我们再来考虑滞后项太少的情况。在这一情况下，向量自回归估计是有偏且无效的，这种情况就像线性回归中的忽略变量。忽略滞后项可能意味着未能把一些动态关系考虑到模型中，这将会导致残差项的序列相关。统计量检验的结果将会“太好”以至于让我们很容易拒绝虚无假设。因此，在向量自回归模型的设定中忽略变量和动态关系将会导致我们找到本不存在的因果相关。

另一个可能的设定问题是忽略一个和格兰杰原因变量相关的变量或者方程，从而影响系统中的所有变量。例如，我们假设一个含有两个变量的系统，变量是内生的且统计检验支持格兰杰非因果的虚无假设。假设可能存在第三个变量，如果将其纳入模型中则会推翻虚无假设，但这一变量几乎不可能存在。因为利特曼和威斯(1985)证明，忽略这样一个变量是不可能推翻内生性或非因果性的证据的(Litterman & Weiss, 1985)。这是因为在前两个变量中纳入一个能够推翻非因果性假设的变量时，这个新纳入的变量必须能够完美地排除前两个变量的所有滞后项所得到的内生性结果，但这几乎是不可能的。

最后一个可能影响格兰杰因果推论的问题是变量中单位根和随机趋势的出现。如果一个或多个变量含有一个单位根，那么对模型参数的统计检验将是一个非标准分布(Sims et al., 1990)。这些检验具有非标准分布的原因和将单位根变量回归到一个稳定变量时遇到问题是相同的。格兰杰和纽博德以及菲利普证明，如果把一个单位根变量回归到与其不相关的另一个变量，但由于单位根变量存在一定的趋势，所以回归系数将是不正确但统计上显著的(Granger &

Newbold, 1974; Philips, 1986)。因此,对格兰杰因果的评估可能因单位根变量的出现而严重地受影响。

从频数概率的角度看,当单位根出现时,对格兰杰因果的检验将会因干扰参数而变得复杂。一些研究者已经开始改良格兰杰因果检验,以便在单位根出现时提供正确的统计检验结果(Dolado & Lutkepohl, 1996; Lutkepohl & Reimers, 1992a; Zapata & Rambaldi, 1997)。单位根的出现所引发的最基本问题就是模型无法包含一些动态关系,在这种情况下,标准的 F 检验和 χ^2 检验都是不正确的。许多研究者运用各种方式来拓展对格兰杰因果关系的检验,这些方法主要聚焦于模型中单位根的数量。如果模型中含有 m 个变量,那么最多只能含有 $d \leqslant m$ 个单位根。这一方法被用来对含有 $p+d$ 个滞后项的模型进行估计,并且基于前 p 个滞后项来对模型进行格兰杰因果关系检验。另一个方法是运用一阶差数据,这样在检验时,统计量就不会出现上文所描述的非标准分布的现象。

尽管格兰杰因果关系存在一些问题,但它依然是建立和检验模型的有效工具。需要注意的一点是,格兰杰因果只有助于对预测性变量的估计,而对于多元时间序列模型中的结构参数的统计推断,格兰杰因果并没有什么效果。因为向量自回归模型是运用最小二乘法估计的,尽管在格兰杰非因果的限制下,估计值依然是一致的。此外,只要模型的滞后项个数足以确定残差项具有白噪音性质,那么检验就是有效的。这一点极其重要,如果我们通过检验认定模型是格兰杰非因果的,我们接下来必须检查格兰杰因果关系是否受到滞后项个数的影响。

对向量自回归模型其他限定条件的检验

因为向量自回归模型建立在多元回归模型的标准步骤上，所以假设检验就可以通过标准的回归分析中的 F 检验和 χ^2 检验来完成(除非模型中含有非稳定变量)。这包括对单个系数或一组系数的显著性检验。

向量自回归模型有一个特殊的假设检验，即组外生性检验。这一检验是对单个方程中的一组特定的滞后项或者特定变量的多个滞后项施加多个限定条件。通过似然比检验，我们可以比较多个方程中的一组系数是否存在不同。这相当于运用 χ^2 检验来评估一组方程的系数是否为0。这一检验的基本思想是，如果虚无假设成立，那么限定模型和非限定模型之间的似然比就会较小。但如果虚无假设不成立，那么这一似然比就足以让我们拒绝原假设。

冲击反应和移动平均反应分析

前述的所有检验对我们理解多方程时间序列系统中变量之间的关系都很有帮助。但是我们最终的目的是运用向量自回归模型来描述序列之间的动态行为，其中最常用的方法是冲击反应和移动平均反应分析。

移动平均反应与时间序列模型的动态乘子分析法类似(例如自回归整合移动平均模型)。在对向量自回归模型进行估计时，每个方程的残差项或者外生冲击都是随机影响。因此，残差项对系统中的方程来说是一个外生冲击。移动平均分析就是解释这些外生冲击对模型的向量移动平均表达形式的影响。

向量自回归模型建立在向量移动平均表达形式的基础上。每个稳健的有限阶自回归时间序列模型都可以被写成一个无限滞后移动平均时间序列模型(Wold, 1954)。这一性质的有用之处在于,它可以将模型围绕其平衡值再次集中,从而观察外生冲击对时间序列的影响。这些外生冲击的动态性建立在向量移动平均表达式的基础上。

通过将自回归过程的滞后多项式的因子化,我们可以将向量自回归模型改写成一个向量移动平均表达式。这里的滞后多项式是针对一组时间序列的滞后项建立的矩阵函数。例如,我们可以将一个含有两个滞后项的向量自回归模型写成如下多项式形式:

$$y_t = c + y_{t-1}B_1 + y_{t-2}B_2 + e_t$$
$$y_t = c + y_t(B_1L + B_2L^2) + e_t$$

其中,L^k 是一个滞后算子,变量与其相乘就会被转化为 k 个阶段之前的值,即 $L^k y_t = y_{t-k}$。有了这个算子,我们就可以将方程系统的滞后多项式写成一个更紧凑简洁的形式。我们接下来会看到,误差来自其他变量如何通过自回归系数矩阵来对模型产生影响。

运用上述形式,我们将一个含有 p 个滞后项的向量自回归模型改写成向量移动平均表达式:

$$\begin{aligned}
&y_t = c + y_{t-1}B_1 + y_{t-2}B_2 + \cdots + y_{t-p}B_p + e_t \\
&y_t - y_{t-1}B_1 - y_{t-2}B_2 - \cdots - y_{t-p}B_p = c + e_t \\
&y_t(I - B_1L - B_2L^2 - \cdots - B_pL^p) = c + e_t \qquad [3.21] \\
&y_t = (c + e_t)(I - B_1L - B_2L^2 - \cdots - B_pL^p) - 1 \\
&y_t - d = e_t(I + C_1L + C_2L^2 + \cdots)
\end{aligned}$$

其中，d 是向量自回归模型的常数项，是由 c 除以自回归滞后多项式而得到的。这个推导过程的最后一步是为一个无限滞后向量移动平均表达式生成一组系数，从而使其与有限阶含有 p 个滞后项的向量自回归模型相互匹配。具体做法是让自回归系数的多项式与一组相应的移动平均系数相等：

$$(I - B_1L - B_2L^2 - \cdots - B_pL^p)^{-1} = (I + C_1L + C_2L^2 + \cdots)$$

$$(I - B_1L - B_2L^2 - \cdots - B_pL^p)(I + C_1L + C_2L^2 + \cdots) = I$$

上式的左边是 p 阶 m 维矩阵多项式的自回归表达式，右边则是无限阶 m 维移动平均多项式的表达式。

方程 3.21 中的移动平均反应系数 C_i 可以通过以下递推式的自回归系数算出：

$$\begin{aligned} C_1 &= B_1 \\ C_2 &= B_1C_1 + B_2 \\ C_3 &= B_1C_1 + B_2C_1 + B_3 \\ &\vdots \\ C_t &= B_1C_{l-1} + B_2C_{l-2} + \cdots + B_pC_{l-p} \end{aligned} \quad [3.22]$$

对于任何 $j > p$，都有 $C_0 = I$ 并且 $B_j = 0$。模型的无限滞后移动平均表达形式与自回归表达形式所包含的动态关系是相同的。

我们之所以进行上述两种表达形式的转换，是因为后者简化了模型的动态关系结构，从而能让我们勾勒出外生冲击或创新对系统的影响。运用向量移动平均表达形式，我们可以分析每个方程中外生冲击通过 y_t 对 e_t 的影响。在这里，使用向量移动平均表达形式能让我们看到外生冲击与零均值的差别是如何随着时间变化并消失的。我们可以通过方程 3.21 来达成这一目的。该方程的右边是每一个时间序列在长期变化中的向量自回归平衡，而左边所描述的是这些时间序列是如何围绕这一平衡而变化的。

另一个解释向量移动平均表达形式的方法是将其视为一个方程中外生冲击所带来的影响。这可以写成一个设定外生冲击影响范围的矩阵导数。外生冲击变量 j 在时间 s 的变化所造成的 y 在 l 时间的变化可以被记为 $e_j(s)$，它是该外生变量的方程 3.21 中 y_l 的导数，或者写为：

$$\frac{\partial y_i(l+s)}{\partial e_j(s)} = c_{ij}(l) \qquad [3.23]$$

其中，$c_{ij}(l)$代表方程 3.21 和方程 3.22 中 C_l矩阵的第 i 行第 j 列。这一数值代表着方程 i 对于外生冲击 j 在时间 $s>l$ 所带来的影响的反应强度。请注意，这里是向量形式，所以在系统中，一个变量对于一个外生冲击只有一个反应值。因此，如果系统中有 m 个变量，那么将会有 m^2 个冲击反应(包括每个变量作为自身的外生冲击)。

对向量自回归的平均移动反应进行求导可以为模型中系数之间的动态关系提供 3 种解释。第一种是将其解释为外生冲击对系统的影响；第二种是将其解释为动态乘子效应的改变对模型中多个自变量的影响；最后一个解释如方程 3.23，将其视为一个方程的外生冲击对模型中自变量的边际效应。换句话说，我们在这里分析的是一个方程的外生冲击 e_t 对方程系统中每个自变量的边际效应。由于内生变量的改变具有动态性，所以我们必须观察它随时间的变化趋势。这 3 种解释都涉及对系统外生冲击的设定问题。在对方程 3.22 的推导过程中，我们假设变量的同期反应是不相关的，

或者说 $C_0 = I$。但宽泛地说，同期的外生冲击之间并不是不相关的。因此，我们就需要对误差项是否相关作出假定。

这些假定有时可以通过理论的指导来作出，因为肯定有一些理由让我们假设在一个时间序列中的外生冲击与另一个是不相关的。但在另一些情况下，我们可能无法对这个外生过程作出任何先验的假设。另外，向量自回归模型中变量的序列效应和向量移动平均系数的分解也会带来影响。从这个意义上来说，解释向量自回归模型的系数似乎遇到了和结构方程模型一样的困难。但是，在向量自回归建模过程中，对于同期关系的设定实际上是在解释了数据的动态关系之后作出的。这说明我们所作出的设定并不是有偏的，也没有限制我们对动态关系的解释。

动态关系的设定所起的作用可以通过冲击反应矩阵来看。在 $m \times m$ 矩阵 C_l 中，在时间 l 下有 c_{ij} 个元素，那么 i 个方程(矩阵的行)在 l 时点对变量 j(矩阵的列)的冲击所作出的反应可以表示为：

$$C_0 = A_0^{-1},\ C_t = \sum_{j=1}^{t} C_{l-j} B_j (i = 1, 2, \cdots) \qquad [3.24]$$

这里，我们规定 $j > p$ 时，$B_j = 0$。方程在 0 时段对外生冲击反应可以由 A_0^{-1} 的同期相关获得。这一相关通过第二个递推方程中的自回归系数计算而逐渐传递到下 s 个时段，结果是每一个时段都有 s 个矩阵来计算移动平均效应。因此，移动平均效应的计算依赖于对同期残差项的最初设定。

基于数据和理论，我们可以将同期相关的计算归为以下几种方式：第一，如果我们对于外生冲击影响系统变量的顺序一无所知，那么就可以先通过对误差协方差矩阵 $\hat{\Sigma}$ 进行考利斯基分解(Cholesky)来计算 A_0^{-1}。我们可以发现,矩阵分解 $A_0^{-1\prime}A_0=\hat{\Sigma}$。然后,我们寻找矩阵 $\hat{\Sigma}$ 的平方根,它是一个下三角矩阵(在矩阵 $A_0^{-1\prime}$ 中)。这一过程也被称为"残差的正交化"。第二个方法是通过对 $A_0^{-1\prime}$ 的估计对矩阵 $\hat{\Sigma}$ 进行因子化分解。如果没有很强的理论指导,这一方法通常很难实现。最后一个方法是直接寻找系统中每个方程的矩阵 A_0。

我们在这里将介绍最为普遍的方法,即对误差协方差矩阵 $\hat{\Sigma}$ 进行考利斯基分解来计算 A_0^{-1}。在这种情况下,变量的序列效应是十分关键的。如果残差项中的相关十分弱,那么变量的序列在计算方程的反应时并不是一个主要的因素。但是,当时间序列之间是高度相关的时候,那么变量的序列效应将会影响对结果的解释。因此,我们就需要评估变量的多种序列组合来对估计的稳健性进行检查。

我们要作出一个很重要的提醒,即无论选择什么样的方法来计算残差项的同期相关,我们都必须对同期的外生冲击作出设定。如果系统中的变量对外生冲击的反应是彼此不相关的,那么对同期关系的设定就无关紧要。但如果这些反应是高度相关的,那么我们就必须考虑以下几种情况:首先,如果向量自回归模型中只有 m 个自变量的子集之间存在高度的同期相关,那么就先将这些变量一起放入考利斯基序列中。虽然我们不知道这些变量如何互相影响,但是我们可以确定它们作为一个整体对系统的影响。其次,我们也可以运用多元分析来看系统对外生变量的反应是如何受到不同的同期序列设定的影响的。最后,我们可以考虑另外的因子分解方法来进行检查。

在识别了残差的相关关系或者同期关系之后,对冲击反应的计算可以通过一组 s 个 $m \times m$ 矩阵完成。具体做法是，先将矩阵 C 中的元素在 s 个滞后项的 m^2 个时间序列中重新排列，然后再用图形展示 s 个滞后项的反应的一组 $m \times m$ 矩阵。这样一来，m^2 个序列就被置入一个 $m \times m$ 维的图中。此图所反映的就是我们对于 A_0^{-1} 矩阵的识别假设，即在矩阵 A_0 的行中使用同样排列顺序的变量。具体的表述方法我们将在下一章中呈现。

误差范围冲击反应

冲击反应被用来追踪向量自回归模型中的方程如何对一组设定的外生冲击作出反应。由于在广义稳定自回归过程中存在移动平均效应，我们可以认为，这些对外生冲击的反应最终会收敛到0。并且，对冲击的设定一般假定冲击的强度是向量自回归模型残差项的一个标准差的大小。这一反应是一个随时间变化的函数。

目前为止，我们的讨论都聚焦于如何估计和计算冲击反应的均值，接下来我们着眼于外生冲击在影响变量 j 时，方程 i 的冲击反应的移动平均过程是否随时间而变化。如果反应的置信区间不包含0，或者在从0到 s 的多个时段中都不为0，那么该反应可以被认为是统计上显著的。相反，如果反应的置信区间在时间的变化过程中包含0，那我们就没有足够的统计证据来证明该反应不为0。[17]

由于冲击反应的估计是基于自回归系数及其移动平均表达形式的，所以可以被认为是随机的。它反映了一个变量对于外生冲击的动态反应，所以也具有均值和方差。均值的计算是把对方程系统的冲击序列效应视为自回归系数估计的函数。若对冲击反应的置信区间进行估计，我们就必须确定自回归系数变化的两个来源，即系数本身和残差的协方差阵。

相较而言，对冲击反应的方差的估计和推导困难一些。困难存在于两个方面：首先，计算方差过程本身就十分复杂，并且要基于对现实数据的一些假设，而这些假设有可能是不正确的。因为对向量自回归模型参数的最大似然估计只有在样本量趋于无限大时才服从正态分布，这就意味着在有限的样本量下，向量自回归系数只能是近似正态的(Lutkepohl, 1990)。但是冲击反应系数是这些近似正态参数的非线性函数(实际上是矩阵多项式)。因此，我们并不能保证这些反应系数是正态分布且仅用均值和方差就可以进行描述的。第二个难点在于，对外生冲击的反应可能存在自身的序列相关。这是向量自回归模型自身的结构导致的。该模型的基础是对变量的滞后项如何影响当下值的设定。如果滞后变量的值由两部分组成，即一个固定项和一个由外生冲击或创新组成随机项，那么正如向量移动平均表达式所呈现的，变量后续的创新依赖于较早时段的创新。尽管我们在估计过程中假设创新之间或者残差之间是不相关的，但是在对这些冲击反应的动态分析中，向量自回归模型将其设定为相关的。这就意味着，我们在求方差的过程中，必须考虑潜在冲击反应之间的序列相关。

研究者已经提出一些方法来推进对不确定性或者误差范围的测量，从而对方程 3.23 中冲击反应的置信区间作出描述(Runkle, 1987)。但当冲击的时间范围增加时，这些分析推导方法的效果往往很差。基利恩提出了一个基于冲击反应置信区间的小样本“二重自助法”(Kilian, 1998)。这一方法能够减少向量自回归模型系数最初的估计偏误，但却无法解决非高斯、非现象反应之间高度相关的问题(详见 Sims & Zha, 1999:1125—1127)。

计算误差范围的标准方法依靠建构下列区间：

$$\hat{c}_{ij}(t) \pm \delta_{it}(t) \qquad [3.25]$$

其中，$\delta_{ij}(t)$是在时间 t 上、标记为 $c_{ij}(t)$和 $100(1-\alpha)$ 的置信度下定义冲击反应置信区间上下限的函数。通过绘制 $\hat{c}_{ij}(t)-\delta_{it}(t)$ 、$\hat{c}_{ij}(t)$和 $\hat{c}_{ij}(t)+\delta_{it}(t)$ 3 个函数随时间 t 的散点图，我们可以将它们图形化。这就是所谓的误差范围“连点图”，并可以用多种统计软件输出(例如 RATS、Eviews 和 Stata)。利用这种方法计算冲击反应方差时，我们假设冲击反应之间不存在跨时段的相关关系，即函数 $\delta_{ij}(t)$与 $\delta_{ij}(t+k)$之间是不相关的。这个假设意味着，两个函数除了通过自回归参数的变化产生联系外，未来冲击反应的方差不依赖于过去的冲击反应方差。

计算函数 $\delta_{ij}(t)$的误差带有以下几种方法：最常用的方法是模拟一个冲击的样本并概括这个样本的性质。具体做法是从向量自回归系数的后设分布中计算蒙特卡洛样本。[18]在这一方法中，后设样本是通过向量自回归系数的渐进分布建构出来的。基于方程 3.7 和方程 3.10，这些系数服从均值为 $B \sim MVN(\hat{B}, \Sigma \otimes (X'X)^{-1})$的多元正态分布。将残差协方差的后设估计进行转置，可以得到 Σ^{-1}，服从维舍特分布(Wishart)，即 $\Sigma^{-1} \sim \text{Wishart}(S, T)$，其中 $\bar{S}$ 是 $\hat{\Sigma}^{-1}$ 的样本估计值(详见 Zellner, 1971)。利用上述条件,我们可以按照如下步骤来建构一个向量自回归冲击反应的样本:(1)将维舍特分布进行转置从而得到 Σ^{-1};(2)运用上一步的 Σ 从 $B \sim MVN(\hat{B}, \Sigma \otimes (X'X)^{-1})$ 中抽出自回归系数;(3)通过方程 3.21 和前两步中抽出的自回归系数来计算冲击反应;(4)见第三步的反应估计值储存;(5)重复前四步 N 次,直到 N 足够提供一个近乎精确的冲击反应值。

概括 N 组 $m \times m \times s$ 反应将会产生冲击反应的估计方差。常用的样本总量 N 大约为 1000 到 5000,取决于我们所需要的精确度。我们可以利用更大的 N 来进行稳健性检验。

从这个冲击反应的样本中,我们可以计算一个近似正态的 $\hat{c}_{ij}$ 的均值:

$$\hat{c}_{ij}(t) \pm z_{\alpha} \sigma_{ij}(t)$$

其中,z_{α} 是正态概率密度分位数,$\sigma_{ij}(t)$是 $c_{ij}(t)$的标准差,而 $c_{ij}(t)$是 t 时段变量 i 对外生冲击 j 的反应(在 68%的误差置信度下,$z_{\alpha}=1$;在 95%的误差置信度下,$z_{\alpha}=1.96$)。可以看出,我们假设冲击反应在小样本中也是服从正态分布的。因此,围绕冲击反应均值的误差范围将是系统性的。

尽管高斯近似方法被用于先前一些主要的时间序列统计软件(如 RATS、Eviews 和 Stata),但是目前也出现了一种替代性的方法(主要在 RATS 软件中比较常用)。该方法首先计算每个时点的 $c_{ij}(t)$的样本,然后从该样本中计算冲击反应的经验分位数和经验百分位数。在这种情况下,我们对后设区间的估计就应该基于最高的后设密度或者分位数,估计如下:

$$[c_{ij.\alpha/2}(t),\ c_{ij.(1-\alpha)/2}(t)]$$

其中，下标 $(1-\alpha)/2$ 和 $\alpha/2$ 表示置信区间的上下限(0.05、0.1、0.16 等)。

在解释移动平均反应激起误差范围时，我们要尤为注意。在向量自回归模型中，我们只估计了有限的参数。当这些参数被用于产生一组 $s>p$ 的更高维度的冲击反应时，对变量反应的推测将会十分不准确，也会导致我们整体预测的不准确。冲击反应的置信区间和误差范围也会因此而随时间范围发生指数级的增长。这是因为在向量自回归模型中，变量的不确定性和预测误差将会随着较长的冲击反应范围而增大。由于误差是随着时间而增长的，所以我们在解释后续阶段的冲击反应时就需要格外小心。

解释冲击反应时，需要注意的第二个问题是评估模型的稳定性。移动平均反应过程中的冲击反应不会迅速膨胀，所以在稳定的系统中，冲击反应会逐渐减小到0。但是，在小样本中，我们可能会看到冲击反应的迅速膨胀。小样本(非限定的)向量自回归模型也许会出现一些不稳定，但是这种不稳定的误差反应是有偏的，并且其误差范围可能会很大。

面对上述问题，我们提出一些解释移动平均反应及其误差范围的准则。第一，请记住，反应来自系统的简化形式。因此，在第一个时段之后的冲击反应不仅包含对外生冲击的反应，还有一部分是来自系统内其他方程的反馈。因此，冲击反应同时呈现外生冲击的直接和间接效应。如果要评估其中直接效应的大小，就必须借助 F 检验和格兰杰因果。第二，在运用移动平均反应过程对反应的最初阶段完成预测后，反应的标准误将会相对较快地增长。因此，误差范围中的一部分反映的是创新本身的不确定性。第三，如何决定冲击反应非零的可能性有多大？西姆斯认为，向量自回归模型为系统的不确定性提供了很好的估计，但是估计结果并不具有渐进性(Sims, 1987)。因此，对经典的小样本假设的解释可能并不稳健。从这个方面来说，我们应该运用贝叶斯误差范围。

创新的计算和预测误差方差的分解

在解释多元时间模型中相互关联的动态关系时，一个常见的方法是创新计算和对预测误差方差的分解。这一方法运用内生变量在不同时段的变化来估计方程系统中每个内生变量的变化总量。

我们有两种方法来解释和理解创新的计算：第一种是分析变量与预测路径的离差。假设在多元时间序列模型中的变量遵循估计系数的预测路径，这些预测值包括两个组成部分，即预测出的变量路径和预期之外的创新和外生冲击。对于每个向量自回归系统，我们可以计算在因变量的预测路径中有多少方差来自因变量自身的过去值，又有多少来自方程中其他变量的过去值。这种对方差的分解就是对变量随时间变化的总方差进行计算和分解。第二种方法是将创新的计算当做广义的方差分析。因为我们处理的是多元时间序列，而方差分析则是针对在同一个时间段内，内生变量的方差有多少是被其他变量所揭示的。创新计算可以被看做跨时段的方差分析。

创新计算的具体做法是将每个方程中变量的方差的总

量分解为其他每一个变量所解释的方差。这就等于探索每个变量的预测误差或者创新是如何影响系统的方程及其方差的。在这里，创新是时间序列中无法预期的部分，因此我们必须分析模型中预测误差的来源。

创新计算可以通过计算向量自回归模型中的预测误差的方差来完成。向量自回归的向量移动平均表达式（方程3.21）可以被用于完成这一计算。利用方程3.21，我们可以计算向量自回归系统在 s 时段的预测误差：

$$y_{t+s} - \hat{y}_{t+s} = e_{t+s} + C_1 e_{t+s-1} + C_2 e_{t+s-2} + \cdots + C_{s-1} e_{t+1} \tag{3.26}$$

方程的左边是在 $t+s$ 时段，内生变量的观测值和估计值之间的差别。右边是预测误差从 $T=s$ 时段到 $s-1$ 时段的向量移动平均表达式。这说明模型中当下的创新和预测误差是过去创新的函数。系数 C_1 是移动平均系数。这一方程所表达的意思是，模型中的创新（冲击或残差）是其在向量移动平均表达形式中自身过去值的函数。

方程3.26中的预测误差的方差可以写成如下形式：

$$\begin{aligned} V(y_{t+s} - \hat{y}_{t+s}) &= E[(y_{t+s} - \hat{y}_{t+s})'(y_{t+s} - \hat{y}_{t+s})] \\ &= \Sigma + C_1 \Sigma C_1' + C_2 \Sigma C_2' + \cdots + C_{s-1} \Sigma C_{s-1}' \end{aligned} \tag{3.27}$$

其中，$\Sigma = E[e_t' e_t]$ 是 t 时段预测误差的协方差。

在方程3.27中将预测误差按照时段进行分解的做法可以看做将系统变量的相对影响进行分割。这是描述系统中不同变量相对重要性的创新计算。尽管这一计算过程可以告诉我们每个变量的方差有多少可以被自身的过去值解释，但我们还想知道如何把第 j 个变量过去值的影响和其他变量的影响相互分离。这与方差分析相似，因为我们想知道的是一个变量的方差有多少是其自身的创新带来的，而又有多少是其他变量在不同时间段的创新中带来的。

完成这一方差分析最常见的方法是将方程 3.27 进行正交化。我们在冲击反应的章节已经提及，正交化主要有以下两个目的：一个是将外生冲击或创新的方差标准化；另一个是在预测创新之间建立同期关系，即这些同期误差是如何相互关联的。后一个目的对于我们来说更为重要，因为它关乎对预测创新的线性组合作出什么样的设定。需要指出的是，我们所做的是对向量自回归分析中变量的同期关系进行识别预设。

预测创新的正交过程可以写成下式：

$$e_t = u_t A_0^{-1} = u_{1t} a_1 + u_{2t} a_2 + \cdots + u_{mt} a_m \qquad [3.28]$$

其中，a_i 是残差的协方差 $\Sigma = A_0^{-1\prime} A_0^{-1}$ 的 i 列的分解。正如先前所提到的，这是对误差协方差矩阵进行考利斯基分解(是对矩阵平方根的广义化)。矩阵 A_0^{-1} 是对创新的同期相关进行计算。由于这是一个下三角矩阵，所以正交后的残差可以解释残差线性组合的特定模式。

我们可以运用这一正交法，按照时段和每个变量对预测误差的方差进行分解。用方程 3.28 中的正交后的残差协方差矩阵替换方程 3.27 中的残差协方差矩阵，那么方程 3.27 中的正交后的预测误差方差就可以写成：

$$\begin{aligned} V(y_{t+s} - \hat{y}_{t+s}) = & \sum_{i=1}^{m} a_i a_i' + C_1 a_i a_i' C_1' \\ & + C_2 a_i a_i' C_2' + \cdots + C_{s-1} a_i a_i' C_{s-1}' \end{aligned} \qquad [3.29]$$

这相当于把移动平均表达式调整后放入正交后的残差。我们可以计算 s 个预测时段的每个方差矩阵。矩阵的第 i 行是方程的方差，第 j 列是被第 i 行的变量所解释的方差。因此，这 s 个预测方差矩阵让我们知道，每个变量的变异有多少来自其自身的创新，又有多少来自系统中其他变量的创新。

预测误差方差的分解结果一般是用交互表或者图形的方式来呈现。在表格中，列变量解释了行变量在 s 时段的预测误差方差的相应百分比，其中 s 是创新发生之后的步骤数量。一个严格意义上的完美的外生变量对于每个 s 来说，列变量的值都应该是 100。直观地看，这样的表格呈现了预测误差是如何在系统中进行反馈的。如果一个变量对于解释另一个变量的动态过程来说十分重要，那么前一个变量的预测误差就会导致后一个变量的预测误差。

预测误差分解之所以重要，是因为它有助于评估一个变量的变化是如何受其他变量影响的。这有助于我们确定格兰杰因果关系，并理解不同时间序列之间是如何相关的。创新计算有两个解释方法，一个是预测效果分析，另一个是方差分析，两者都对向量自回归系统的多元时间序列的方差作出动态的解释。但是，由于方差的分解是以百分比形式计算的，所以我们并不知道这一百分比对于原始变量的单位来说意味着什么。并且，这一方法也不能测量外生冲击影响方程系统时方差的不确定性。冲击反应分析和移动平均反应可以解决这一问题，因此我们在下文中将看到如何将创新计算和冲击反应分析运用于向量自回归模型中。

第 6 节 | 其他设定问题

在设定和估计向量自回归模型时，还存在一些其他的问题。第一个问题是模型中变量的测量和设定。这一过程中有关如何运用一阶差、稳定时间序列和数据转换(例如对数变换)等问题都需要被考虑。另外，还有一些其他因素能够影响向量自回归模型的推断，我们将在本章的最后一节逐一讨论。

差分方法能否用于趋势数据?

在一元自回归整合移动平均模型中，数据的转换对于分析来说极为重要。运用博克斯—詹金斯技术可以确定模型是否稳定以及残差是否具有白噪音性质。在向量自回归模型中，单位根的出现需要引起我们的重视，因为对参数估计和参数的分布都要求协方差是稳定的(Hamilton, 1994)。确定协方差的稳定性需要知道模型外单位循环的多元滞后多项式的根。这一点是很难评估和检验的(尽管 RATS 等时间序列软件会提供一些常用的方法)。所以，分析者经常换用其他方法，即通过检查单位根和移动平均反应来看冲击是否消失或膨胀。含有单位根变量的模型可以直接用向量误差纠正模型或者其他模型来估计。需要注意的是，当含有单位根且其趋势没有在模型中被正确地设定时，向量自回归模型的估计结果是不可靠的(Hamilton, 1994)。

上述内容暗示我们可以不必运用求差的方法来去除变量中的趋势性。实际上，向量自回归模型存在复杂的误差纠正机制，并能产生一个含有非稳定时间序列的稳定系统。在这种情况下，对数据中动态关系的推断就可能具有渐进性(Freeman, Williams, Houser & Kellstedt, 1998; Sims et al., 1990)。

另外，求一阶差的方法还会去除时间序列中的一些长期效应，这些动态关系实际上是我们分析的主要目标，而求差的方法却排除了我们想要解释的大部分趋势和变化路径。

数据转化和清理

向量自回归模型中还有哪些常用的数据变化方式呢？一种常见的变换是趋势的对数形式或稳定变量的方差。运用数据的对数形式意味着，模型所表达的是数据的跨阶段增长率。这一解释来自下列增长率的渐进形式(在经济学中较为常见)：

$$\frac{y_t - y_{t-1}}{y_{t-1}} \approx \ln(y_t) - \ln(y_{t-1}) \qquad [3.30]$$

方程的左边是测量时间序列数据中跨阶段增长率的常见形式，而右边则是其渐进形式。在模型中，我们估计的实际上是右边的渐进形式，因为在向量自回归模型中，t 时段的内生变量是在方程的左边，而滞后值是在方程的右边。

运用自然对数变换能够让我们解释移动平均过程中,变量因为冲击而产生的百分比变化。这一方法对解释模型中百分比形式的变量(例如人口增长率)和水平变量(例如国民生产总值或美元计价的变量)十分有帮助。我们将在下文的例子中讨论这一数据转换及其解释。

另一个常见于时间序列分析的数据转换方法是对数据进行提前清理和过滤。在这种变换形式中,我们对数据进行特定的处理(如去除季节性)。但运用向量自回归时,我们要避免这类转换,这是因为清理和过滤数据会改变数据的动态性,因此影响对系统中时间序列的关系的估计。在一些情况下,清理数据甚至会彻底改变我们对动态关系所做的格兰杰因果评估(Sims, 1972)。

第7节 | 向量自回归模型中的单位根和误差纠正

我们在第2章中曾经讨论过另一个建模策略，它是由伦敦经济学院的学者提出的，即误差纠正模型。该模型设定了变量在两个或多个时间序列中，如何通过各种短期或长期动态关系彼此相关。利用普通随机趋势来对数据进行建模，误差纠正模型可以用于稳定和非稳定数据。如果一个单位根或者随机趋势变量必须经过 d 次求差才能变为稳定数据，那么我们将其描述为 d 阶或 $I(d)$。误差纠正模型能够为这类时间序列的趋势以及围绕这些趋势的多种动态关系提供清晰的描述。这一特殊模型的问题在于存在虚假回归的风险，即如果我们没有正确地设定数据的趋势，那么最终的因果推论就将是不正确的(Granger & Newbold, 1974)。

单位根数据的误差纠正表述

针对趋势性数据运用误差纠正模型实际上是格兰杰表述定理的结果，该定理说明，如果两个单位根变量具有同一趋势，那么两个时间序列就存在一个稳定的线性模型。这一定理的重要性包括以下3方面：第一，该定理意味着，当我们运用一个模型来估计两个或多个时间序列是否具有同样的趋势和动态关系时，避免了可能存在的虚假回归。第二，该定理暗示两个趋势变量之间存在格兰杰因果关系。换句话说，一个变量的创新会驱使或者导致另一个变量的变化路径。该定理的最后一个意义在于，它可以描述趋势变量之间的长期和短期动态平衡。具体做法是运用回归模型来解释时间序列的长期（共同趋势）或短期动态关系（误差纠正机制）（Engle & Granger, 1987）。[19]

我们运用含有两个单位根变量的模型来研究误差纠正模型如何对时间序列之间的长期和短期动态关系进行评估。如果模型中包含此类变量，那么残差将是不稳定的，同时模型参数的推断也是一个非标准分布（不服从 t、f 和 χ^2 分布）（Toda & Philips, 1993; Toda & Yamamoto, 1995）。产生上述问题的主要原因是，在残差中包含没有被模型考虑的趋势。因此，我们需要思考如何恢复这些短期动态关系和长期趋势的信息。为了演示误差纠正模型如何用于$I(1)$变量，请看下列 $I(1)$变量 Y_t 和 Z_t 的单方程误差纠正模型：

$$Y_t = \beta_1 Z_t + \beta_2 Y_{t-1} + \beta_3 Z_{t-1} + \varepsilon_t \qquad [3.31]$$

其中，$\frac{\beta_1 + \beta_3}{1 - \beta_2}$ 是 Z_t 的变化所产生影响的总乘子。这一模型将会被协同整合，也就是根据格兰杰表述定理，在变量 Y_t 和 Z_t 之间建立一个线性组合（Engle & Granger, 1987）。由于方程 3.31 中的残差项具有非稳定性，因此总乘子的系数不能被最小二乘法估计。

对模型中的两个变量求一阶差，我们可以从方程 3.31 推导出模型的误差纠正表述：

$$
\begin{aligned}
Y_t &= Y_{t-1} + \beta_1^* Z_t - \beta_1^* Z_{t-1} + \beta_2^* Y_{t-1} - \beta_2^* Y_{t-2} \\
&\quad + \beta_3^* Z_{t-1} - \beta_3^* Z_{t-2} + u_t \\
(1-L)Y_t &= \beta_1^* (1-L)Z_t + \beta_2^* (1-L)Y_{t-1} \\
&\quad + \beta_3^* (1-L)Z_{t-1} + u_t
\end{aligned} \qquad [3.32]
$$

$$
\Delta Y_t = \beta_1^* \Delta Z_t + \beta_2^* \Delta Y_{t-1} + \beta_3^* \Delta Z_{t-1} + u_t \qquad [3.33]
$$

方程 3.32 存在的问题是，尽管我们运用了一阶差或者稳定数据，但却依然无法恢复方程 3.31 中对总影响乘子的估计信息（未标星号的系数）。为了寻找一种替代方法，我们通过建构下列误差纠正模型来将方程 3.33 变得更加稳定：

$$
\begin{aligned}
(1-L)Y_t &= \beta_1 Z_t + (\beta_2 - 1)Y_{t-1} + \beta_3 Z_{t-1} + v_t \\
(1-L)Y_t &= \beta_1 (1-L)Z_t + (\beta_2 - 1)Y_{t-1} \\
&\quad + (\beta_1 + \beta_3)Z_{t-1} + d_t \\
\Delta Y_t &= \beta_1 \Delta Z_t + (\beta_2 - 1)\left[Y_{t-1} + \left(\frac{\beta_1 + \beta_3}{\beta_2 - 1}\right)Z_{t-1}\right] + g_t \\
\Delta Y_t &= \beta_1 \Delta Z_t + (\beta_2 - 1)u_{t-1} + g_t
\end{aligned} \qquad [3.34]
$$

方程 3.34 就是模型的误差纠正表达式。对该式进行估计可以同时复原对长期效应乘子和短期效应乘子的估计信息，即使在 $I(1)$ 变量出现的情况下也不会受到影响。与此同时，估计结果也不存在虚假相关的问题，因为残差项 g_t 具有稳定性。

误差纠正模型的估计可以通过两种方法实现。第一种是被称为“双阶段”的方法，即先对长期效应的系数进行估计（方程中的 β_1 和 β_3），然后对误差纠正机制进行估计（β_2）。通过该方法，可以得到一致但可能是无效的系数。第二种方法是运用一个回归方程来完成估计，该回归必须同时包括方程

3.31 中的 Y_{t-1} 和 Z_{t-1}。该方法可以产生既一致又有效的估计系数。一旦估计完成，长期效应就可以通过进一步分析来解决。实践的证据证明，第二种方法对于小样本进行估计的效果更好。

作为向量自回归模型的误差纠正模型

上文所探讨的单方程误差纠正模型实际上是广义二元向量自回归模型的一个简单化。如果我们对 Z_t 明确设定另一个方程，那么我们就可以用向量自回归模型来分析协同整合的可能性。我们设定 $y_t = (Y_t, Z_t)$ 是变量 Y_t 和 Z_t 的 1×2 维向量，那么该模型的向量自回归表达式就是：

$$y_t = \sum_{l=1}^{p} y_{t-l} A_l + u_t$$

用于单方程误差纠正模型的数据变换方法也可以被广泛地用于向量自回归模型。我们先用整个系统减去 y_{t-1} 得到模型：

$$y_t - y_{t-1} = y_{t-1} + \sum_{t=1}^{p} y_{t-l} A_l + u_t$$

$$\Delta y_t = y_{t-1} \Pi + \Delta y_{t-1} \Gamma_1 + \cdots + \Delta y_{t-p+1} \Gamma_{p-1} + u_t$$

其中，[3.35]

$$\Pi = -(I_m - A_1 - \cdots - A_p)$$

$$\Gamma_i = -(A_{i+1} + \cdots + A_p)(i = 1, \cdots, p-1)$$

Δ 代表 y_{t-k} 的一阶差，所以 $\Delta y_{t-k} = y_{t-k} - y_{t-k-1}$。这是一个 $p-1$ 阶向量误差纠正模型，它可以让我们复原长期效应（Π）和短期效应 Γ_i 之间的协同整合关系。[20]我们之所以认为这一数据表达形式对于处理协同整合数据来说是最优的，是因为它能够在不需要进一步数据转换的前提下复原对长期效应和短期效应的估计。这些协同整合关系是以变量的线性组合形式出现的，这说明除非协同整合关系的数量被预先选定，否则 Π 将不会是一个满秩矩阵。

对此模型进行估计需要运用一组方程 3.35 的减秩矩阵或者经典的相关分析(Johansen，1995)。该方法通过产生一个对减秩矩阵 $\Pi = \alpha\beta$ 的估计来定义协同整合关系。我们将这一估计结果带入方程 3.35，就可以得到对短期效应 Γ_i 的估计结果。

在设定这一模型时，我们必须回答这样一个问题："模型中存在多少协同整合向量或关系?"对于含有两个单位根变量的上述模型来说，将会有两个相互独立的随机走动和一个含有一个随机走动的共享趋势模型。这一推断过程需要我们用修改后的非标准分布似然比检验来检验模型中协同整合向量的个数以及向量 Π 的秩。

每一个进行一阶差处理后的 $p-1$ 阶向量误差纠正模型都可以被写成一个 p 阶的向量自回归模型，具体方法是将前向量误差纠正模型的系数 Γ 和 Π 转换成简化后的向量自回归模型的系数 A_i。这一转换过程可以通过以下步骤完成：

$$A_1 = \Gamma_1 + \Pi + I_m$$

$$A_i = \Gamma_i - \Gamma_{i-1} (i = 2 \cdots p-1)$$

$$A_p = -\Gamma_{p-1}$$

在用向量自回归模型来表示向量误差纠正模型的系数后，前者就包含了后者所蕴含的所有动态关系。对求一阶差后的数据运用向量自回归模型，其反映长期动态关系的效果只能达到向量误差纠正模型减秩估计系数的水平。向量自回归模型的系数无法像误差纠正模型那样区分出模型中的长期和短期效应，因为后者实际上是给前者的系数施加了一系列限制，从而可以被看做一个在时间序列的平衡关系中，对长期效应作出限制的向量自回归模型。

向量自回归模型和向量误差纠正模型的对比

既然两个模型之间的差别并不大，为什么我们在建模过程中要区分两种不同的方式呢？这取决于分析者是只想估计方程系统的动态结构，还是想更进一步地获取协同整合关系的信息。如果我们分析的重点是协同整合关系，那么我们就应该倾向于误差纠正模型。但是，如果只是想评估模型中的短期动态效应和因果关系，那么向量自回归模型则被认为是更有效的。当模型中存在协同整合关系时，运用向量自回归模型检验外生性限定时就必须小心，因为出现的协同整合现象会导致不正确的假设检验(Sims et al. , 1990)。

向量误差纠正模型和误差纠正模型对于处理多变量之间存在的相关趋势问题特别有效。这种情况在经济学中十分常见，例如生产力的增长会同时导致许多变量的增长。但是威廉姆斯的几个观点可能会让我们重新审视这一模型在社会科学中的运用：第一，许多变量可能会出现随机趋势或者确定趋势，但是这些趋势并不一定长期存在；第二，向量误差纠正模型这类建立在单位根基础上的计量经济学方法的经典推论技术值得进一步商榷；第三，误差纠正方法在一些领域的引用范围是很受限制的。

首先,对单位根和误差纠正表述形式的检验依赖于所用的样本。虽然单位根检验第一眼看上去可能无法拒绝虚无假设,但是正如威廉姆斯所认为的,一些变量可能只具有短期趋势(例如总统支持率),是不可能作为单位根或膨胀变量的,因为外生冲击对这类变量的影响会随着时间而消失。因此,尽管样本数据经常呈现出非稳定性,但在具体操作中,如果我们可以利用理论的指导和先验的信息来确定数据具有稳定性,那么就可以将其当做稳定数据来建立模型。

第二,对单位根的检验是一把双刃剑。因为在对单位根进行迪基—福勒增广检验(ADF)和科维亚托夫斯基—菲利普—施密特—申(KPSS)检验时,虚无假设是时间序列中含有单位根(Kwiatkowski, Philip, Schimidt & Shin, 1992)。正如贝叶斯方法所提到的,上述检验对于膨胀或非稳定模型施加了过大的可能性(Sims & Uhlig, 1991),以至于到最后,我们利用经典的检验思想很有可能认为时间序列含有单位根。正如威廉姆斯所指出的:

> 概念上来说,单位根检验的主要困难在于,运用有限时段的样本所判断出来的膨胀或随机趋势可能并不会长期存在。经典的推断方法是从样本数据的特性去推断总体的属性。在时间序列中,样本本来不是随机的,且总体包含着未来和过去两方面的信息。但这一点就足够让我们警惕检验是否能在重复样本中给出精确的估计。经济学往往沉浸于对单位根领域的探讨中,实际上这会使我们对时间序列作出错误的假定。

但必须承认，单位根计量方法对于一些常见的、具有长期趋势性的数据十分有用，例如消费和收入等(Williams, 1993:231)。

威廉姆斯指出的第三点是，我们不能夸大数据中趋势的长期性和普遍性(William, 1993:232)。误差纠正模型的真正优势在于，它可以被用于简化对具有长期和短期动态过程的多元时间序列模型的解释。向量自回归模型可以被用于描述误差纠正过程和具有更复杂的动态关系的多元时间序列系统。从概括动态特征和描述时间序列之间的关系的角度看，向量自回归模型也可以起部分作用。误差纠正模型不能排除向量自回归模型可以同样出色地完成分析具有长期效应和协同整合性质的数据的可能，因为误差纠正模型仅仅是对长期行为施加了特定限制的向量自回归模型而已。

第8节｜对向量自回归模型的批评

向量自回归模型对识别预设十分敏感。在无法找到满足结构方程模型设定的预设时，向量自回归模型是一个具有吸引力的替代选择。两者的主要差别在于，后者更多地关注动态性并通过移动平均反应过程来解释变量之间的同期关系。但是向量自回归模型也存在一些问题，其中最大的焦点是对“过度参数化”的批评。因为即便是较小的向量自回归模型，也包含了数量很大的回归参数。一些批评指出，大量的参数导致它们在向量自回归模型中被无效地估计，所以对于统计推论来说是无用的(Pagan, 1987)。这些批评还认为，F检验和χ^2检验可以被用于发展更简化的模型。

这一观点从设定和检验结构方程模型的早期方法演化而来。该方法认为，我们应该设定一个宽泛的模型，然后检验这种零限定是否有意义，其目的在于建构一个更简化的模型。这一方法的逻辑是，简化模型所获得的更多的自由度能够让估计更有效，且在预测、分析冲击反应和政策模拟时，使估计值的置信区间更小。

向量自回归模型的使用者应该意识到，简化原则具有十分显著的作用。实际上，较大的自由度可以让自回归整合移动平均模型变得十分具有解释力，因为该模型的目的就是寻找变量动态关系的最简化的表述。但基于以下两个原因，我们不能使用该方法：其一，我们如何判断零限定的显著性？由于需要依靠先验的但可能是错误的限定来进行检验，这会导致对模型设定过程内在不确定性的低估，所以对方程的零限定很可能是武断的。尽管简化模型可能更有效，但是最终模型中报告的估计的有效性可能是虚假的，因为它没有考虑到模型的选择和设定过程。其二，向量自回归模型也拒绝用"设定—估计—检验—再设定"的方法来追求模型简化型的逻辑，原因是这个循环会二次使用数据。西姆斯曾经指出，这一做法会产生严重的问题，即让我们对表面上的有效性过度自信，但忽视了这种有效性其实并不真实存在(Sims，1986b，1988)。这种使用数据的方式(第一次将数据用于估计和检验，第二次用于重新设定和再次估计)实际上是两次使用有限的自由度。所以，用模型的结果进行的推论和预测将产生过高的预期。这意味着我们可能对预测和政策分析的结果过于自信，并且可能会把置信区间和 p 值报告得"太好"。

对向量自回归模型的第二个批评是其"缺乏理论"。库利和勒罗伊对该批评的阐述可能是最为清楚的(Cooley & LeRoy，1985)。使用结构方程模型的人之所以摒弃向量自回归模型，主要原因是，自回归模型着眼于模型的简化形式而非模型的整体结构关系。就像我们讨论两种模型之间的关系以及格兰杰因果关系在结构方程模型和在模型的简化形式中是不同的。这一批评在很大程度上是基于将结构方程模型对于外生性的设定作为识别参数时的限定条件。但向量自回归模型的使用者并不接受这一观点，相反，他们所作出的识别假设和要估计的动态关系可能截然不同。这个对向量自回归的批评基于对内生变量和外生变量的划分和限定。尽管这一批评具有理论的吸引力，但是向量自回归模型的使用者却持怀疑态度。

第三个对向量自回归建模和解释过程的主要批评基于库利和勒罗伊认为该模型是非因果的论点。向量自回归模型以及通过移动平均反应过程或创新计算的方法进行结果解释是基于“对因果顺序的条件相关的设定”(Cooley & LeRoy, 1985:301)的。这一批评的理由是，在解释内生变量 X 对另一个变量 Y 的影响时，变量 X 相对于 Y 必须具有微弱程度的外生性或者先决性。否则，两个变量之间的动态关系是不能被确定的(从结构方程的角度来看)。

向量自回归模型的使用者也对上述观点作出了一些回应。首先，我们记得模型是基于方程系统的简化形式。因此，冲击反应和创新计算分析所解释的变量关系是在给定了简化形式或者结构性的误差协方差之后作出的。也就是说，模型的解释所依赖的途径和结构已经被模型中的同期创新明确地包含了。[21]如果对误差协方差矩阵 Σ 进行考利斯基分解时的变量顺序是不正确的，那么对冲击反应和创新计算的条件性预测也将是错误的。

尽管外生性限定可能是向量自回归建模过程的核心，但是该模型的使用者并不在估计前对模型中的外生性限定作出任何假定。该模型运用模型简化的表达形式进行估计，然后对移动平均反应过程和创新计算施加有关变量之间同期创新的因果顺序的假定。这一过程需要模型的使用者对变量之间的关系作出明确的设定。并且，我们在评估移动平均反应和格兰杰因果检验时，必须运用不同的设定。

移动平均反应过程和创新计算是基于跟踪方程系统中变量对外生冲击和创新的反应和变化的。在残差项不存在序列相关的向量自回归模型的简化形式中，外生冲击和创新是不可预测的随机误差，这意味着，它们是不能被系统中的变量预测的，是外生于方程系统的。有关变量中同期关系的问题依然存在，但是通过在不同识别预设条件下检验移动平均反应和创新计算的稳健性，我们可以建立创新之间的相互外生性。

向量自回归模型是单方程的自回归整合移动平均模型、结构方程模型以及误差纠正模型的一个广义形式。实际上，我们可以将后三种模型的单方程情况视为向量自回归的一个特例（详细的讨论请见 Reinsel，1993）。因此，向量自回归模型可以使分析者用更广义的模型来减少对动态关系进行推断的偏误。

向量自回归模型的使用者对既有批评的最后一个回应是，对基本模型的部分修正已经使其能够像结构方程模型一样采取更简化的模型和结构设定，但是这些拓展并不是直接检验对方程的限定，而是运用贝叶斯方法放松对模型的参数的概率限定。向量自回归模型的第二个拓展是结构向量自回归模型，它对模型中的结构性解释和同期因果关系进行了发展。近来的一些工作则是将上述两个新的发展方向进行综合（详见 Leeper，Sims & Zha，1996）。

第4章

向量自回归分析范例

本章将呈现两个运用向量自回归模型进行多元时间序列分析的完整例子。在每个例子中,我们都会讨论模型是如何被设定、估计和解释的。我们的主要目的是为我们在第3章中讨论的模型提供一个更为清晰的范例。这些例子主要是直接向量自回归模型及其推断的通俗易懂的示范。我们将这些例子视为对帕甘的批评(Pagan, 1987)的回应,他认为向量自回归模型的方法论很难被评估和解释。

第一个例子讨论了美国政党参与和公众对政策的偏好之间的动态关系。该模型反映的是斯廷森测量的"公众态度"(Stimson, 1999)和加总后的宏观政党参与之间的关系。这是一个比较基本的例子,可以让我们对模型的基本运用进行探讨。我们承认该模型存在设定不足的现象,但这并不影响我们以其为例子来探讨模型的基本运用。

第二个例子则更为复杂,是威廉姆斯和柯林斯关于政治影响和经济因素对于公司税率的影响(Williams & Collins, 1997)。该研究建立在商业利益团体的政治影响、经济条件和商业税率之间关系的理论预期模型之上。这个例子更高级,其分析也更加复杂。[22]

第1节 | 公众态度和宏观政党参与

美国公众对于政府及其行动的支持与不同政党在参政总体人数中的比例是否有关系？这一问题在有关美国公众意见的文献中十分常见，它包含两个内生概念。一种观点认为，公众期望政府更加主动或者允许政府更加主动，所以更可能加入当权的政党。因此，公众态度和总体的政党参与率就有了联系。一些研究者已经对这些问题进行过详细的探讨，包括斯廷森、埃里克森、麦奎因。[23]

这一例子中含有两个变量，第一个是公众态度，测量的是公众对政府行为的支持程度。该变量的测量来自盖洛普公司运用动态因子模型对民意调查问题的加总结果（Stimson, 1999）。理论上来说，这一测量基于在跨时段的民意调查中支持美国政府的公众的百分比。具体的测量是将多个理论取值在0—100之间的跨时段调查问题进行加总，值越高则代表更加支持政府的行动，反之亦然。第二个变量，宏观政党参与，是根据盖洛普民意调查的数据计算的民主党的党员数量在两党的党员中所占的比例。我们的例子用的是1958年第四季度到1996年第四季度之间的季度数据。

图4.1呈现了两个变量的时间序列。可以看出，两个序列都具有局部趋势，即在特定的较短时间段内，呈现出比较

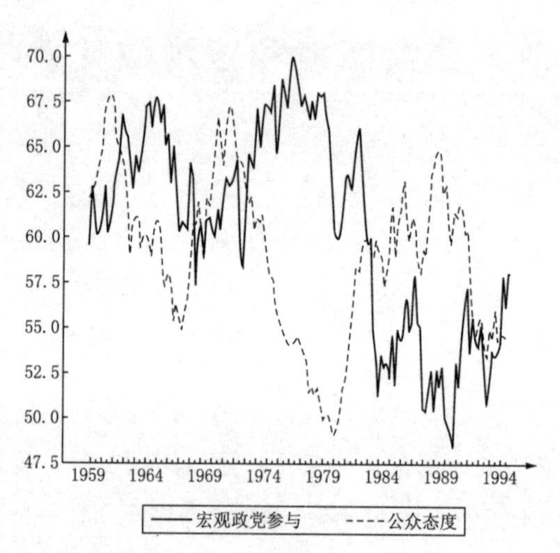

图 4.1 宏观政党参与率和公众态度的季度变化(1958 年 4 月—1996 年 4 月)

一致的升高和降低趋势。因此,除了检验向量自回归模型的滞后时长之外,我们还必须对数据是否存在单位根或者趋势变量进行检验。我们将执政党、众议院和参议院中各党的党员数量作为控制变量。如果这些变量中民主党占优势,则标记为 1;如果共和党占优势,则标记为 0。对模型的设定和分析遵循以下步骤:(1)对单位根进行检验;(2)对滞后时长进行检验;(3)设定和估计向量自回归模型;(4)对格兰杰因果进行检验;(5)对预测误差方差的创新计算进行分解;(6)对冲击反应作出分析和解释。

我们对每个步骤都会进行细致的探讨,然后用现实的例子来讲解如何解释向量自回归的估计结果。

单位根的检验

我们首先检验两个变量的单位根现象。这一检验之所以重要,是因为如果变量含有单位根,那么格兰杰因果检验中的误差纠正机制就有可能是错的。对单位根的检验是通过 ADF 检验完成的(细节请见 Hamilton, 1994)。表 4.1 报告了滞后项从 0 增加到 8 的 ADF 检验结果。

ADF 检验的虚无假设是模型中有一个单位根,该单位根包含一个随机走动和一个常数,检验的临界值大约是 −2.88。我们可以从表 4.1 中看出宏观政党参与变量中存在一个随机走动,统计量小于临界值,因此我们不能拒绝虚无假设(Box-Steffensmeier & Smith, 1996)。但对于变量是否含有趋势性的问题,检验结果无法拒绝原假设且对趋势的估计是统计上不显著的。对于公众态度变量来说,决定趋势是不显著的,而 ADF 检验结果也指出,单位根的虚无假设对于含有更多滞后项的模型来说更容易拒绝。

表 4.1 广义迪基—福勒检验

滞后	宏观政党参与		公众态度	
	无趋势	有趋势	无趋势	有趋势
0	−2.04	−2.97	−1.75	−1.92
1	−1.65	−2.33	−1.87	−2.03
2	−1.55	−2.24	−1.93	−2.09
3	−1.6	−2.46	−2.08	−2.19
4	−1.79	−2.73	−2.49	−2.59
5	−1.54	−2.45	−2.67	−2.75
6	−1.48	−2.22	−2.57	−2.55
7	−1.3	−2.25	−2.31	−2.28
8	1.08	−2.1	−2.82	−2.79

注:在 5%的显著性水平下,对无趋势性检验的临界值大约是 −2.88,对有趋势检验的临界值大约是 −3.50。

宏观政党参与变量可能会出现单位根,但是该变量存在上下限,因为这一变量是盖洛普民意调查中,民主党人数占总参政人数(民主党和共和党)的百分比。所以该变量肯定在 0—100 这个范围之内,并且在较长时间范围内是具有稳定性的。这一事实可能与单位根检验的结果不符,因为检验结果暗示,宏观政党参与的可能性在较短的一段时间内是不稳定的,可能存在局部趋势或者常数。但是从长时段的角度来看,该变量具有稳定性,因为当民主党的参与率达到一个很高的百分比时,它一定会下降。因此,正如威廉姆斯所建议的,上述经验和理论让我们可以将这一变量视为稳定的。[24]

设定滞后时长

对向量自回归模型滞后时长的设定一般是两个部分的组合,一个是拟合统计量,另一个是对滞后时长的正式检验统计量。大家可能记得,任何有限阶滞后时长只能近似于一个可能的无限阶滞后时长。因此在实际分析中,我们可以对滞后时长检验以及拟合检验采取反对态度。

表 4.2 宏观政党参与率与公众态度的向量自回归模型的赤池信息准则和贝叶斯信息准则

滞后	AIC	BIC	滞后	AIC	BIC
1	238.24	255.58	7	259.53	346.24
2	240.86	269.77	8	259.11	357.38
3	246.69	287.15	9	255.47	365.3
4	253.75	305.78	10	256.07	377.47
5	251.26	314.85	11	260.29	393.24
6	252.95	328.1	12	263.00	407.52

表 4.2 呈现了从含有 1 个到 12 个滞后项的向量自回归模型的赤池信息准则和贝叶斯信息准则的值。这些数字可

以被解释为描述模型的似然函数在对增多的滞后项进行调整之后，似然函数增长了多少。这两个统计量的取值越小，模型的拟合度就越高。基于表 4.2，我们选择滞后长度为 $p=1$。我们也可以选择 2 个滞后项，但是检验结果表明，两者之间不存在什么差异(相对于 2 个滞后项和 3 个滞后项的差别来说)。虽然我们担心残差项中的序列相关问题，但是加入更多的滞后项会提高对估计效度的限定要求。基于这些原因，我们只采用 1 个滞后项。请注意，随着加入更多的滞后项，似然函数值并没有发生什么变化。我们在第 3 章中讨论过，每一个新加入的滞后项给赤池信息准则带来的惩罚因子是 $2m^2=8$，而对贝叶斯信息准则是 $\log(T)m^2=\log(124)2^2=8.37$。如果加入 1 个滞后项带给两个信息准则的变化小于这个值，那么它就无法给模型带来足够的改善，也就没有加入的必要了。[25]

另一个评估滞后时长的方法是运用假设检验。表 4.3 得出了同样的结论。χ^2 检验比较的是多加 1 个滞后项的模型和原有模型。证据表明，我们不能拒绝 2 个滞后项的模型而倾向于 1 个滞后项的模型(P 值等于 0.27)，但是检验结果却让我们足以拒绝含有 3 个滞后项的模型(P 值等于 0.72)。基于这些结果，随后的向量自回归模型只包含 1 个滞后项。[26]

表 4.3 滞后时长的似然比检验

非限定滞后时长	限定滞后时长	卡方	P 值
12	11	4.29	0.37
11	10	3.13	0.54
10	9	6.23	0.18
9	8	9.98	0.04
8	7	7.35	0.12

（续表）

非限定滞后时长	限定滞后时长	卡方	P值
7	6	1.26	0.87
6	5	5.7	0.22
5	4	9.62	0.05
4	3	0.88	0.93
3	2	2.06	0.72
2	1	5.18	0.27

注：χ^2 检验的自由度是4。

向量自回归模型的估计

模型中不仅包含了1个滞后项，还有3个控制变量。控制变量是总统职位、参议员和众议院中哪个政党更占优势的二分变量。如果是共和党人出任总统，或者在参众两院占据更多席位，那么变量就会被记为"0"，相反，如果是民主党更占优势，则标记为"1"。

表4.4 含有1个滞后项的公众态度与宏观政党参与向量自回归估计

变　量	因变量	
	公众态度	宏观政党参与率
公众态度$_{t-1}$	0.939(0.029)	0.013(0.042)
宏观政党参与率$_{t-1}$	−0.019(0.022)	0.954(0.031)
总统$_t$	−0.424(0.282)	−0.041(0.409)
参议院$_t$	0.077(0.614)	−1.069(0.889)
众议院$_t$	−0.187(0.348)	0.410(0.504)
常数	4.900(2.233)	2.743(3.232)
R^2	0.919	0.897
标准误	1.290	1.867
Durbin-Watson	1.952	2.381

注：括号内为标准误。

模型中每个方程含有 6 个系数，分别是总统的政党身份、控制参议院的政党、控制众议院的政党以及这些变量在前一个时段的值。表 4.4 报告了向量自回归模型系数以及标准误。前四行的自回归系数描述了系统的动态性。这些系数并不具有单独的意义，因为它们表示的是系统的行为，所有的系数都是在描述多个变量的动态关系。关于这些参数的任何推断都包含第一个和第二个滞后项的 4 个系数。由于系统的动态性，向量自回归模型的系数是一个需要评价其稳定性的矩阵。

我们先解释控制变量的意义，即控制总统职位和参众两院的政党。估计系数描述了控制总统职位和国会席位的政党对于每个内生变量平衡的方向。只有公众态度方程中的总统职位变量（$t = 1.5$）和宏观政党参与方程中的参议院控制变量（$t = -1.2$）接近显著。我们可以看到，民主党人出任总统会降低公众对政府行为的支持，同时，民主党控制参议院也会抑制其总体的党员数量。这些对宏观政党参与和公众态度的估计将使动态关系变得更为复杂。尽管系数的符号可以被解释，但是外生变量大小的变化取决于系统的动态性，所以我们需要预测误差分解和冲击分析等替代方法来解释模型并进行推断。

格兰杰因果检验

在表 4.4 中的估计值以及残差的 2×2 协方差矩阵可以被用于检验系统中是否存在格兰杰因果。在第 3 章的讨论中，我们提及格兰杰因果关系可以通过 F 检验来评估。我们在这里依然只包含一个滞后项。

表 4.5 对宏观政党参与率和公众态度在向量自回归模型中的格兰杰因果检验

假设的外生变量	限定系数组	F 统计量	P 值
公众态度	宏观政党参与率	0.74	0.39
宏观政党参与率	公众态度	0.09	0.76

表 4.5 是对向量自回归模型进行格兰杰因果检验的结果。检验是为了确定滞后的公众态度变量在宏观政党参与的方程中是否为 0,以及滞后的宏观政党参与变量在公众态度的方程中是否为 0。

对于两个外生性检验来说,我们无法拒绝原假设。因此证据表明,公众态度并不依赖于宏观政党参与的过去值,反之亦然。这一结果将会引发一个问题,因为如果两个变量之间不存在动态性影响,那么它们之间的关系就可能是同期性的相关,但是在单位根出现之时,格兰杰因果检验是有偏的(Hamilton, 1994: 554)。

我们可以通过表 4.4 中对向量自回归模型的估计来看这一问题。我们发现,自回归系数矩阵接近一个单位矩阵。这是寻找单位根变量的模拟矩阵。我们需要将可能存在单位根的有偏的格兰杰因果检验结果和含有不同滞后时长模型的格兰杰因果检验结果相比较,这是因为格兰杰因果检验对这两个因素都很敏感。其结果显示,滞后时长从 1 增长到 8 并没有改变检验结果,所以这和我们在表 4.5 中得出的结果是相同的。

预测误差方差分解

预测误差分解旨在解释模型的拟合是如何随着内生变量的向量的实际取值而改变的。具体做法是，运用向量移动平均式来表示向量自回归模型，然后计算跨时段的预测离差。预测误差的方差随后被分解到每个内生变量上，即每个自变量解释了多少方差。如果这些变量彼此外生，我们的预期是一个变量的创新并不会解释其他变量的方差。但如果它们彼此同期相关，那么我们就认为一个变量的方差可以通过将一个滞后项作为同期创新，并通过方程系统的其他滞后项来解释剩余变量。

对公众态度和宏观政党参与的预测误差分解结果显示在表4.6中。前两列是外生冲击或者创新导致的对公众态度变量的预测方差百分比。在第3章的讨论中，我们知道，这一分解过程基于模型残差的协方差矩阵。因为公众态度变量处在变量序列中的第一位，所以分解在开始阶段假设，预测中所有的方差都来自公众态度。随着预测范围的增加，更多的方差被归于系统中其他变量的创新或者它们之间的相关关系。在这个例子中，10个季度也就是2.5年之后，公众态度的预测方差中有1.75%可以被归于宏观政党参与的创新。这一趋势在这个时段之后趋于稳定，所以在16个季度之后，公众态度的预测误差中有3.95%来自宏观政党参与的创新。

表4.6最右边两列是对宏观政党参与的预测误差分解。在16个季度之后，大约有5%的预测误差可以归于公众态度的创新。[27]

表 4.6 对公众态度和宏观政党参与的向量自回归模型的预测误差平方分解

k	公众态度的创新预测误差率(%)		宏观政党参与的创新预测误差率(%)	
	公众态度	宏观政党参与率	公众态度	宏观政党参与率
1	100.000	0.000	2.755	97.245
2	99.963	0.037	2.904	97.096
3	99.878	0.122	3.052	96.948
4	99.750	0.250	3.197	96.803
5	99.582	0.418	3.340	96.660
6	99.376	0.624	3.480	96.520
7	99.136	0.864	3.617	96.383
8	98.866	1.134	3.751	96.249
9	98.570	1.430	3.881	96.119
10	98.251	1.749	4.008	95.992
11	97.913	2.087	4.130	95.870
12	97.559	2.441	4.249	95.571
13	97.192	2.808	4.364	95.636
14	96.817	3.183	4.475	95.525
15	96.435	3.565	4.581	95.419
16	96.049	3.951	4.684	95.316

从上述预测分解分析中,我们可以得出结论:宏观政党参与中无法预期的变化对公众态度创新的影响很小,不会大于方差的 4%。反之,公众态度创新对宏观政党参与的预测方差也很小。实际上,我们看到,两个变量之间的相互影响是慢速且微弱的。这一结果符合我们的预期,即偏好导致政策选择。我们在考利斯基误差协方差分解中重新排列变量的顺序,依然得到了同样的结果。

冲击反应分析

冲击反应分析能让我们在向量移动平均表达式中,对向量自回归模型的动态关系进行分析。从本质上来说,这一方法能够让我们追踪外生冲击所造成的内生变量的变化是如何随时间而变化的。向量移动平均过程的设定以及随后的冲击反应分析涉及一个问题，即同期关系的顺序。在这里，同期相关及其顺序是通过对残差协方差矩阵的考利斯基分解来完成的。[28]

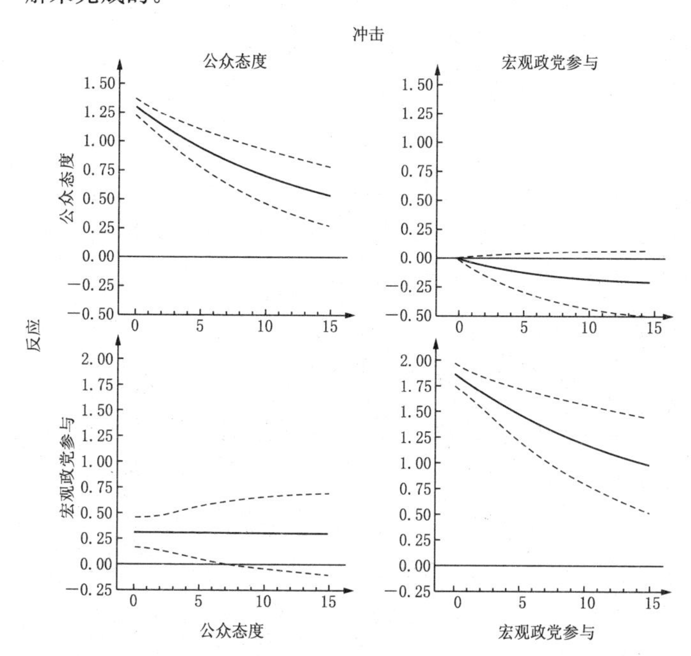

注:公众态度在变量顺序中处于第一位。误差带的宽度约为68%的置信区间或者1个标准差。

图4.2　对宏观政党参与和公众态度的冲击反应分析

图4.2呈现的冲击反应的结果是将公众态度放在变量序列中的第一个时，所做的对残差的同期协方差分解。这意味着，外生冲击对宏观政党参与在最初阶段的影响为0。所以，在第一行中列出的是公众态度对两个外生冲击的反应。我们可以看出，1.25个冲击单位(公众态度方程残差的一个

标准差)在16个季度之后大约减少了一半。右上角的图显示了公众态度对宏观政党参与的冲击的反应,该反应大约为1个标准差(或者说68%的置信区间)。在第3章中我们提到,图形是对冲击反应集中趋势的一种更好的概括方法。公众态度对于宏观政党参与中的创新的反应在16个季度后变得很弱,并且我们有68%的置信区间包含0。

第二行的两个图是当两个变量在序列中具有同样的位置时,宏观政党参与对于外生冲击的反应。我们可以看出,对公众态度的1.25个冲击单位导致了在后续的6个季度中,宏观政党参与以0.25的稳定速度增长。这个效果在6个季度后变得不显著,置信区间也包含0。最后,右下角的图显示了对宏观政党参与的冲击。由于这个变量中存在很强的类似单位根的现象,所以其冲击持续了很多季度且减少得很慢。

这些结果告诉了我们有关宏观政党参与和公众态度之间动态反应的两个事实。首先,公众态度对于宏观政党参与的反应十分弱。相反,宏观政党参与对公众态度却存在持续的反应。第二,上述结果主要是由外生冲击中较弱的同期相关导致的。用于计算残差协方差矩阵的同期残差之间的相关系数为0.17。

但是,我们对于冲击反应中变量序列的顺序设定并没有参照政治学的理论。所以,我们应该继续分析当宏观政党参与处在变量序列的首位时的分解情况。图4.3就是这一分解的结果。

图4.3是宏观政党参与和公众态度对其自身冲击的反应。沿着从左到右对角线的两张图与图4.2中同样位置的两张图完全一样,发生变化的只是从右到左对角线的两张

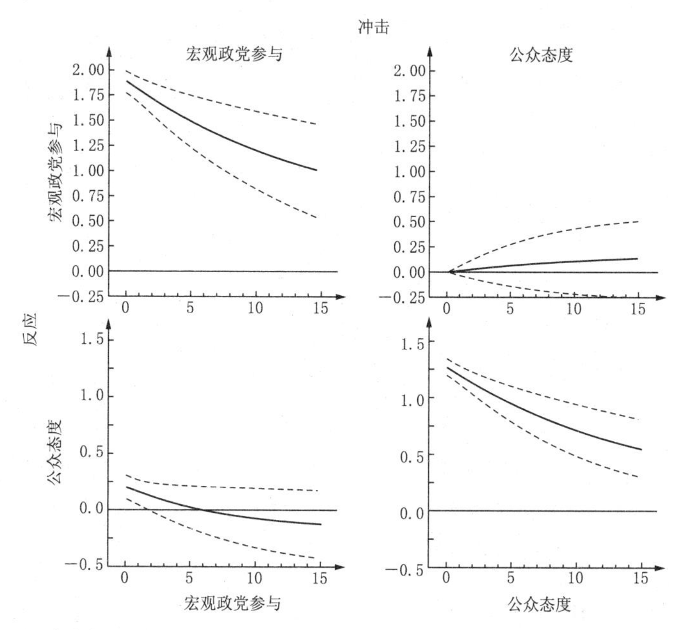

注:公众态度在变量顺序中处于第一位。误差带的宽度约为68%的置信区间或者1个标准差。

图4.3 对宏观政党参与和公众态度的冲击反应分析

图。在第二阶段的分解中,政党参与对外生冲击的反应很小且迅速失去了统计上的显著性(图4.3中的左下图)。而公众态度对冲击的反应尽管在统计上不显著,但却是增加的(在68%的误差范围内)。

总的来说,变量的顺序对于冲击反应的影响并不大。如果我们认为公众态度的冲击先于政党参与,那么前者1个标准差的变化就会导致后者0.25点的变化。相反,如果变量的先后关系掉转,那么反应就会小一些。在两种情况下,证据证明变量是同期相关的,且一个变量对另一个变量冲击的反应是微弱且缓慢的。

第2节 | 有效公司税率

我们的第二个例子是较为复杂的向量自回归分析。该例子中含有更多的动态关系、单位根变量和更具有理论性的模型设定以及因果推断。在本例中，我们部分地复制威廉姆斯和柯林斯的分析(Williams & Collins, 1997)，他们运用向量自回归模型分析了美国公司税率的决定因素。一些人认为，税率是对政治压力的反应。共和党控制国会和白宫时将会通过公司政治行动委员会来对国会议员施压，从而制定较低的商业税率。但是威廉姆斯和柯林斯认为，这一政治经济学模型预测的最优税收政策是外生于政治变量的，但是它们却受到经济变量的影响。

威廉姆斯和柯林斯提出的税收模型认为，一些政治变量，例如公司政治行动委员会的贡献以及该商业性的委员会相对于其他政治行动委员会的规模，是外生于有效公司税率的。该理论认为，商业活动对投资和经济的影响是税收政策的根源。因此，税收政策应该是被根本的经济因素决定的，而非商业团体的正式压力。这个模型针对公司税率、政治行动委员会中公司的数量以及经济状况提出了3个命题：

命题1:有效公司税率外生于商业团体的政治能力。相反,有效公司税率的增长会促进商业政治团体有组织的行动。

命题2:投资对有效公司税率很敏感,对有效公司税率的外生冲击会降低投资水平。

命题3:有效公司税率外生于经济条件,包括实际投资总额和实际收入。

我们运用向量自回归模型来检验4个变量之间的关系。命题1是预测格兰杰因果的方向。有效公司税率被假定外生于商业团体过去的政治能力。命题2陈述了投资对税率外生冲击的反应,即投资会逐渐降低。这意味着冲击反应和预测误差方差分解可以描述这一过程。最后一个命题是经济变量的过去值不会影响当下的税率,我们可以用格兰杰因果检验来验证该命题。

数据

威廉姆斯和柯林斯运用的数据是从1977年第一季度到1994年第四季度。这是因为政治行动委员会的数据在1977年初的财政改革运动之后才公布。该分析涉及4个变量,它们是有效公司税率、国民生产总值的自然对数、投资的对数以及商业性质的政治行动委员会在所有委员会中的比率。图4.4是根据所用数据绘制而成的。

对于这些数据,我们需要考虑的是设定向量自回归模型时的可能趋势。图4.4告诉我们,数据可能含有单位根,尤其是在国民生产总值这个变量中。接下来，我们将会讨论对单位根的检验和滞后时长的设定。

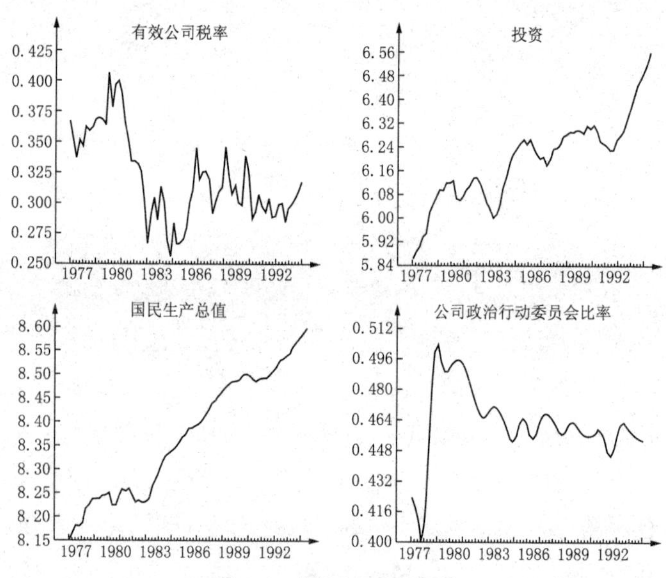

图 4.4 有效公司税率数据

单位根的趋势

诸如国民生产总值一类的经济变量一般都含有单位根。所以问题的关键是，数据中的单位根是否意味着变量之间的协同整合关系。表 4.7 是对模型中每个时间序列的 ADF 检验。

检验的临界值是－2.88，所以在有效公司税率和政治行动委员会比率中不存在单位根。相反，国民生产总值这个变量一定含有单位根。这意味着对统计检验的解释必须十分小心，因为数据中可能存在协同整合关系。[29]

表 4.7 有效公司税率的单位根检验

滞后项个数	有效公司税率	国民生产总值	投资	政治行动委员会比率
1	−2.92145	−0.56335	−0.42694	−5.11362
2	−2.78095	−0.71887	−0.40087	−3.60019
3	−2.55360	−0.95425	−0.48052	−5.03627
4	−2.06522	−1.09437	−0.61641	−3.99344
5	−1.92103	−1.20439	−0.59058	−1.72695
6	−1.93909	−1.06926	−0.46436	−2.18983
7	−1.86593	−1.03568	−0.61092	−3.22650
8	−1.65129	−0.83706	−0.54889	−3.13094

注:表格中的数据是 ADF 检验结果。

尽管存在出现协同整合关系的可能性和相应证据,但这并不足以让我们选择误差纠正模型或者向量误差纠正模型。这是出于两个原因:首先,我们预期如果在国民生产总值和投资变量中含有协同整合关系,那么系统将会是稳定的,并且统计检验将会具有渐进有效性。第二,协同整合关系并不是模型和命题关注的重点。短期的动态关系和外生性分析才是我们关注的中心,而这两个方面在出现单位根的情况下依然是稳健的。

设定滞后时长

考虑到季度数据的特征,常用的滞后时长是从 6 开始,到能够解释数据季节性的滞后时段结束。在下文的分析中,我们以 6 个滞后项进行分析。为了证明这一做法的正确性,我们在表 4.8 中列出了赤池信息准则和贝叶斯信息准则,滞后项的个数从 1 到 12。

表 4.8 有效公司税率向量自回归模型的赤池信息准则和贝叶斯信息准则的滞后时长检验

滞后项个数	AIC	BIC	滞后项个数	AIC	BIC
1	−2220.07	−2178.19	7	−2345.59	−2102.65
2	−2298.53	−2223.13	8	−2403.67	−2127.22
3	−2315.44	−2206.53	9	−2442.30	−2132.34
4	−2322.42	−2180.00	10	−2466.42	−2122.95
5	−2315.78	−2139.85	11	−2500.43	−2123.45
6	−2349.06	−2139.63	12	−2548.22	−2137.73

正如我们在表 4.8 中看到的,从第一个到第四个滞后项,赤池信息准则数值一直在减小。该数字从第五个滞后项开始增加,到第六个滞后项又开始降低。这是因为第一个"低"值出现在第四个和第六个滞后项之间,以这个证据可以确定适当的滞后时长。同样,贝叶斯信息准则数值从低到高的排列顺序也是 2、3、4、1 和 6 个滞后项。因为第四个和第六个滞后值之间的差别与最低取值的信息准则取值区别不大,我们选用 6 个滞后项来确保残差项中没有序列相关。

表 4.9 滞后时长的似然比检验

非限定滞后时长	限定滞后时长	卡方	*P* 值
12	11	14.63	0.55
11	10	16.5	0.42
10	9	17.77	0.34
9	8	27.07	0.04
8	7	40.53	<0.01
7	6	14.74	0.54
6	5	38.08	<0.01
5	4	16.48	0.42
4	3	27.94	0.03
3	2	38.31	<0.01
2	1	93.89	<0.01

注:统计量服从经过小样本纠正的、自由度为 16 的 χ^2 检验。

另一种方法是看滞后时长的似然比检验结果。表4.9呈现了连续滞后时长的似然比检验结果。但需要注意的是，由于单位根的出现，使得经典的假设检验方法对一些变量失效，所以我们并不会看到稳健的检验结果。表格先对第一个和第二个滞后项进行比较，然后再比较第二个和第三个，依次类推。可以看出，该结果与赤池信息准则和贝叶斯信息准则的结果相同，所以4个和6个滞后项我们都会使用，一是与我们分析的季度数据相符，二是可以用6个滞后项来描述残差项中的季节效应。[30]

格兰杰因果检验

对于变量之间关系的探讨，需要求助于格兰杰因果关系。二元格兰杰因果关系是通过一系列二元向量自回归模型来对主要变量进行评估。[31]表4.10是外生性检验结果。

该表呈现了对税率和委员会比率两个变量一阶差的外生性检验。之所以这样做，是因为税率变量中可能存在单位根。表格的第一列是假设为外生的变量，第二列是在格兰杰非因果关系的虚无假设下被限定为0的变量的系数。后两列是F统计量和P值，其结果为非显著性，所以我们不能拒绝非因果的虚无假设。

既然F检验说明不能拒绝非因果假设，也就是说，税率是外生于其他变量且不会由其他变量而导致的。在0.05的显著性水平下，税率是外生于公司政治行动委员会比率的。唯一让人产生质疑的是商业性政治行动委员会的总数（对4个滞后项的模型来说，$P=0.18$）。由于这一变量存在趋势性，可能会导致对虚无假设的统计检验有偏，所以我们应该运用不同的滞后项来对模型进行检验。运用 6 个滞后项的模型支持了含有 4 个滞后项的模型。

表 4.10 的结果支持税率格兰杰导致委员会比率这一变量，因为非因果假设被拒绝了（在含有 4 个滞后项的模型中，$P=0.01$；在含有 6 个滞后项的模型中，$P=0.12$）。

表 4.10 滞后时长的似然比检验

假设外生变量	限定系数组	F 统计量	P 值
滞后 4 个季度的结果			
有效公司税率	政治行动委员会中公司的个数	1.62	0.18
政治行动委员会中公司的个数	有效公司税率	0.31	0.87
有效公司税率	商业性政治行动委员会占所有委员会的比例	0.40	0.81
商业性政治行动委员会占所有委员会的比例	有效公司税率	9.51	<0.01
求一阶差后的税率	求一阶差后的政治行动委员会中公司的个数	0.42	0.79
求一阶差后的政治行动委员会中公司的个数	求一阶差后的税率	0.43	0.78
求一阶差后的税率	求一阶差后的商业性政治行动委员会占所有委员会的比例	0.36	0.84
求一阶差后的商业性政治行动委员会占所有委员会的比例	求一阶差后的税率	0.35	0.84
滞后 6 个季度的结果			
有效公司税率	政治行动委员会中公司的个数	0.97	0.45
政治行动委员会中公司的个数	有效公司税率	0.50	0.80
有效公司税率	商业性政治行动委员会占所有委员会的比例	1.86	0.11

(续表)

假设外生变量	限定系数组	F统计量	P值
商业性政治行动委员会占所有委员会的比例	有效公司税率	1.79	0.12
求一阶差后的税率	求一阶差后的政治行动委员会中公司的个数	0.83	0.55
求一阶差后的政治行动委员会中公司的个数	求一阶差后的税率	0.21	0.97
求一阶差后的税率	求一阶差后的商业性政治行动委员会占所有委员会的比例	0.83	0.55
求一阶差后的商业性政治行动委员会占所有委员会的比例	求一阶差后的税率	1.44	0.21

注:结果基于对二元向量自回归的估计。

因此,税率的改变会导致商业行动的变化,这直接支持了命题1。但税率并不会格兰杰导致商业性政治行动委员会的总数,这一结论和委员会数量随时间而稳定增长的趋势相一致。所以,这种趋势变量会导致F检验的失效。但是,运用公司政治行动委员会在所有委员会中的比率测量该变量后,结果和命题1是一致的。

表4.11 对有效公司税率、实际投资和实际收入的外生性检验(1953—1994年、1960—1994年、1977—1994年)

假设外生的变量	限定系数组	4个滞后项		6个滞后项		8个滞后项	
		F	P	F	P	F	P
1953—1994年							
有效公司税率	实际投资	1.27	0.28	1.05	0.40	1.15	0.33
有效公司税率	实际收入	1.77	0.14	1.44	0.20	1.82	0.08
求一阶差后的有效公司税率	求一阶差后的实际投资	1.02	0.40	1.12	0.35	1.02	0.42
求一阶差后的有效公司税率	求一阶差后的实际收入	0.85	0.50	1.59	0.15	1.98	0.05

(续表)

假设外生的变量	限定系数组	4个滞后项		6个滞后项		8个滞后项	
		F	*P*	*F*	*P*	*F*	*P*
1960—1994年							
有效公司税率	实际投资	0.72	0.58	0.82	0.56	0.91	0.51
有效公司税率	实际收入	1.13	0.35	1.24	0.29	1.54	0.15
求一阶差后的有效公司税率	求一阶差后的实际投资	0.80	0.53	0.96	0.45	0.87	0.54
求一阶差后的有效公司税率	求一阶差后的实际收入	0.76	0.55	1.49	0.19	1.65	0.12
1977—1994年							
有效公司税率	实际投资	0.51	0.73	0.36	0.90	0.76	0.64
有效公司税率	实际收入	0.10	0.99	0.46	0.84	1.06	0.41
求一阶差后的有效公司税率	求一阶差后的实际投资	0.68	0.61	0.52	0.79	0.56	0.80
求一阶差后的有效公司税率	求一阶差后的实际收入	0.28	0.89	0.95	0.47	1.35	0.24

表4.11是对税率和对数形式的投资以及收入之间的外生性检验,表述的方法和表4.10一样。这些对各种滞后时长的检验得出的结论是,不能拒绝虚无假设,换句话说,向量自回归模型中收入和投资的系数为0。随后,我们用层级数据和一阶差数据来检验数据中是否存在单位根,结果也显示税率是外生于投资和收入的。这两个结果支持了命题3,因为税率是外生于经济状态的。[32]

表4.11的结果不能用于推断命题2是否成立,因为税率的变化会导致投资的变化。这是因为在双变量向量自回归模型中,对外生性的检验过程中可能会出现虚假的证据支持因果关系。命题2陈述的是因果关系不是外生的,因此这取决于系统内变量之间的动态关系。在下一章中,我们将分析这些动态关系并运用其他方法来评估命题2。

冲击反应分析

我们已经在有可能出现单位根的情况下，建立了变量之间明确的外生或因果关系。为了确定方程系统内部的动态关系，我们运用包含 4 个变量的向量自回归模型。我们将包含 6 个滞后项来保证残差项中不存在序列相关。

这一个向量自回归模型是非限定性的，换句话说，我们没有施加任何有关变量之间结构和外生性的假设，甚至上文已经证明的结论，我们也并不将其作为参考。这对于向量自回归模型来说十分关键，因为该模型的基础是通过对变量之间关系的外生性检验来对模型作出各种限定，但是这些限定条件对于结构模型来说是无效的。为了发现模型中包含哪些动态关系，我们只能分析模型对外生冲击的反应，而这只能通过非限定性的向量自回归模型来得到。我们将估计后的向量自回归模型进行转置，然后用图 4.5 来表示其移动平均反应过程，这是从威廉姆斯和柯林斯(Williams & Collins, 1997)的研究中复制过来的。但是图 4.5 的误差范围比威廉姆斯和柯林斯报告的小一些，因为我们运用的是西姆斯和扎讨论的似然基础误差范围(Sims & Zha, 1998)，而威廉姆斯和柯林斯则基于近似正态方法。因此，图 4.5 的误差范围描述的是建立在对冲击反应的蒙特卡洛模拟后的 90%的分位数上。可以看出，这一结果略微偏大，不仅反应在参数的不确定性上，还包括总体的似然函数的不确定性以及移动平均反应过程的形状和偏态。

图中的行代表的是包含列变量的方程受到 1 个标准差

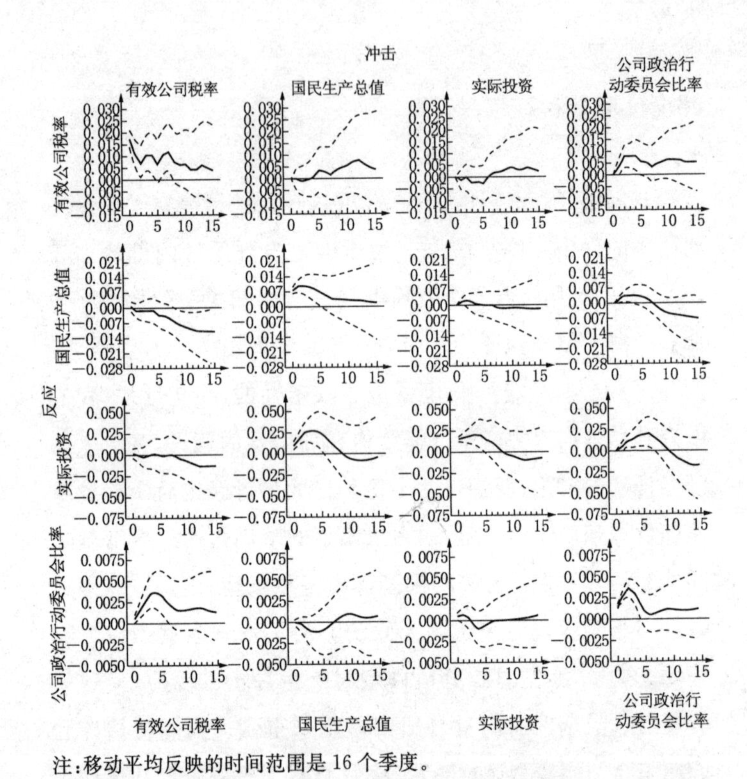

注：移动平均反映的时间范围是 16 个季度。

图 4.5　4 个变量在 90%误差范围的移动平均分析(1977—1994 年)

的外生冲击后的反应。这一冲击随后通过转置后的向量自回归方程系统反馈，进而产生对冲击的反应。对角线上的图显示了变量对其自身冲击的反应，因此反对角线上的图则是变量对彼此冲击的反应。这些冲击进入系统的顺序取决于变量在进行冲击反应分解时的顺序。因此在本例中，对税率的冲击率先进入方程系统，然后是国民生产总值、实际投资，最后是公司政治行动委员会比率。

移动平均反应图支持命题 1，因为对税率的冲击导致了商业性政治行动团体比率的升高。命题 2 陈述了投资如何对税率的外生冲击产生反应,从图中所得到的支持很弱,虽然总体的反应是负的,但 90%的单侧置信区间都包含 0。最后,移动平均反应过程图支持命题 3,因为 90%的置信区间都包含 0。这就意味着,税率不会对收入和投资的外生冲击作出明显的反应。请注意,对商业性政治行动委员会的比率的冲击会导致税率的增加,尽管在 8 个季度后变得不显著。威廉姆斯和柯林斯提供的解释是,税率对商业委员会比率的冲击的正向反应是符合预期的(Williams & Collins, 1997:230)。我们看到,经济变量会在委员会比率受到冲击后增长,这会导致公司和商业团体对税率增长产生强烈的预期。这一解释反映的是,模型中没有包含的动态关系,因为我们没有看到国民生产总值、收入等经济变量对委员会比率受到外生冲击后作出显著的反应。

移动平均反应过程为复杂的动态系统提供了一个清晰的图形概括,从而很好地解释了分析中 4 个变量之间的关系。这一方法的主要益处在于,它允许研究者分析方程系统中的动态关系是如何彼此相连的。第二个益处在于,结构方程中运用的那些有关变量之间结构关系的设定,可以通过该模型的外生性检验而得出。我们可以看到,移动平均反应的外生性假设如何受到数据的支持或者被数据拒绝。结合格兰杰因果分析,这些方法能够为我们在处理变量的动态关系设定和识别问题时提供简洁清晰的途径。

预测误差方差分解

我们用分解预测误差方差的分析来对向量自回归模型及其结果进行最后的解释。[33]

表 4.12 向量自回归模型误差方差分解

预测误差		创新			
	k	有效公司税率	投资	国民生产总值	政治行动委员会公司比率
有效公司税率	1	100.0	0.0	0.0	0.0
	2	98.5	0.2	0.7	0.6
	3	93.2	0.4	0.7	5.8
	4	89.5	0.7	2.4	7.4
	6	83.5	5.0	2.7	8.8
	8	77.7	5.4	8.1	8.8
	10	74.2	5.7	11.7	8.5
	12	68.9	9.8	13.2	8.1
	16	63.4	14.7	13.2	8.8
国民生产总值	1	0.0	99.9	0.0	0.0
	2	5.4	90.9	1.5	2.3
	3	8.4	85.5	3.2	3.0
	4	10.9	83.6	2.8	2.7
	6	17.7	77.1	2.5	2.8
	8	25.2	69.8	2.5	2.6
	10	32.3	63.0	2.2	2.4
	12	36.7	59.0	2.1	2.3
	16	40.1	54.1	3.6	2.2
投 资	1	0.0	39.6	60.3	0.0
	2	1.8	57.5	40.7	0.1
	3	4.6	66.1	28.4	0.9
	4	4.8	70.3	23.7	1.2
	6	6.7	73.4	17.6	2.4
	8	9.6	71.4	15.5	3.6
	10	13.9	68.0	14.6	3.5
	12	16.3	66.3	14.0	3.4
	16	17.0	65.5	14.0	3.4
政治行动委员会公司比率	1	4.0	2.5	4.4	89.1
	2	8.4	2.6	2.5	86.5
	3	12.0	5.0	1.2	81.8
	4	17.6	7.9	2.7	71.9
	6	20.4	12.0	5.3	62.3
	8	18.8	18.5	5.2	57.5
	10	17.6	24.6	4.9	53.0
	12	19.4	25.4	4.8	50.4
	16	22.8	26.8	5.0	45.3

注:表中报告的是创新导致的预测误差的百分比。数字表示由于列变量的创新导致的行变量在 k 季度之前的预测误差的百分比。

在表 4.12 中有四部分的预测方差百分比，每一个部分针对系统中一个变量。在第一个部分中，对税率的预测误差被归于其他 4 个变量（请注意，每一行对应的预测范围的和是 100%），所以在外生冲击发生的最初阶段，税率的所有预测误差都归于自身，这与冲击反应的考利斯基分解中变量的顺序一致。随后，我们从第 2 个季度跟踪至第 16 个季度，来看税率预测方差究竟有多少来自其自身，又有多少来自其他变量。在第 12 个季度中，我们看到，税率的总方差中有 30% 来自其他 3 个变量，其中投资占 9.8%，国民生产总值占 13.2%，商业性政治行动委员会比率占 8.1%。

对于国民生产总值和投资来说，投资变量的创新解释了绝大部分的预测方差。从第 12 个季度到第 16 个季度，国民生产总值超过一半的方差是投资所导致的，而 40%是税率的创新所导致的。因此，国民生产总值主要是对这两个变量进行反应。对于投资的预测误差，我们看到，大部分是被其自身解释，投资变量中超过 65%的方差是被自身过去 12 个季度的创新所解释。

从上述重新计算的结果中，我们可以得出一些关键性的结论。首先，税率的冲击导致了投资模式的变化，因为税率的创新解释了过去 16 个季度的投资中 17%的方差。其次，税率的创新对委员会比率的影响也很大，它解释了 23%的方差。我们在之前已经运用外生性检验证明了税率并不是其他变量导致的，是外生于系统的。所以甚至在 16 个季度之后，税率的预测误差中超过 2/3 是由于自身的创新导致的。上述结论支持了命题 1、命题 2 和命题 3。

进一步的稳健性检查

威廉姆斯和柯林斯的一个贡献在于,他们解释了税率能够很好地预测未来的经济事件。本文的经验研究也很好地证明了这一点:税率的变化可以预测公司的投资和国民生产总值。如果税率和最终的税收政策能预测投资和经济增长,那么我们认为它也能预测消费预期。威廉姆斯和柯林斯指出,公众对经济走向的预期反应为消费预期,可以被其他变量运用向量自回归模型进行预测。

对上述分析进行稳健性检验的一个原因是,委员会比率这一变量的测量是从 1976 年以后才开始的,但是消费预期的指数是由密歇根大学从 1953 年就开始收集的。威廉姆斯和柯林斯是运用一个新的包含 4 个变量的向量自回归模型来评估税率对投资和国民生产总值的预测效度。该模型运用了税率、国民生产总值的对数、利率以及消费预期的对数。该分析加入了政治行动委员会这一变量,所以我们无法分析命题 1。但是由于这 4 个变量的数据可供使用的时间范围较大,所以可以用来评估税率和消费预期之间的关系。该模型也被用来验证之前模型中命题 2 和命题 3 的稳定性。

我们不再列出整个格兰杰因果分析的结果(Williams & Collins, 1997:表 5),在这里只呈现移动平均反应过程。图 4.6 是含有 6 个滞后项的 4 个新变量的模型的移动平均过程反应图。

左上方的 3×3 个图与图 4.5 中相应位置的图是一样的。该图是运用以下几种方法来检验之前模型的稳健性:第

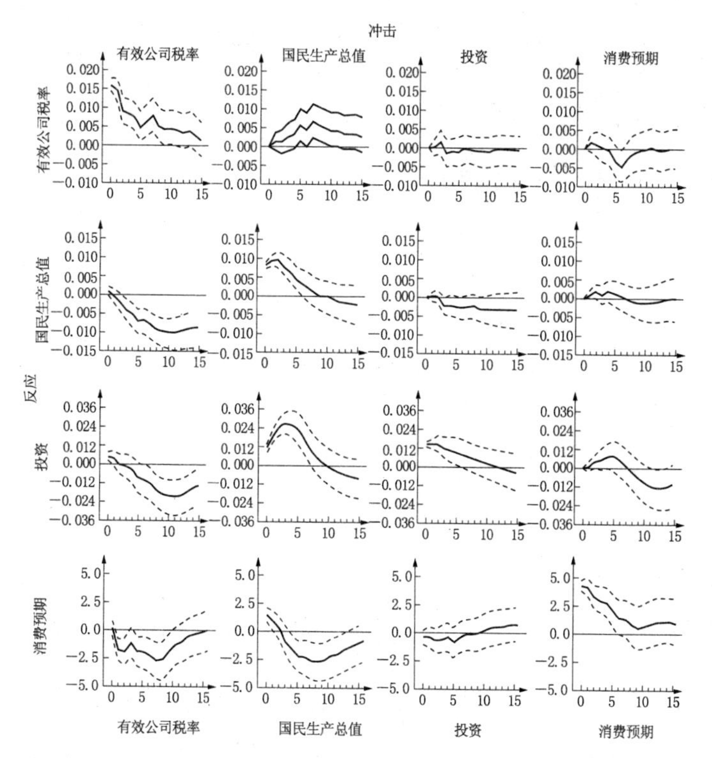

注:移动平均反应的时间范围是16个季度。

图4.6 4个变量在90%误差范围的移动平均分析(1953—1994年)

一,运用更长的时间范围来进一步说明税率和投资之间的关系。图形说明,税率的升高会降低投资,与命题2相符。对税率冲击的1.5%所引发的长期效应会导致投资降低1%。其次,我们可以看到,税率是影响消费预期的,税率中每1.5%的冲击会导致6个季度后的消费预期发生2.5的降低,且统计上显著。相反,对消费预期的冲击却没有激起税率的反应,因为其置信区间包含0。这些结果与威廉姆斯和柯林斯报告的格兰杰因果检验结果一致。

向量自回归分析的结果支持威廉姆斯和柯林斯的命题。估计结果在不同样本、滞后时长和变量测量方式下都十分稳健。最后，稳健性检查的部分结果也支持税率会影响总体经济情况和消费预期的论断。

第3节 | 结论

我们用两个例子说明了基本的向量自回归分析。这些方法可以被用于具有更多变量的方程系统中来分析更为复杂的动态关系。我们的主要目的是，通过例证来告诉大家如何运用向量自回归模型来回答理论中提出的动态关系。

另外，必须说明，我们在这里所呈现的内容只是多元时间序列建模方法的一小部分。向量自回归模型、结构方程模型和误差纠正模型都被广泛地运用于各种动态建模、预测和政策分析。

还有一些对现有方法的拓展，例如我们提到过的结构向量自回归模型。在这个模型中，我们先在理论的指导下设定模型中的同期创新，这点与结构方程模型极为相似。换句话说，就是用结构方程模型中的方法来建构结构向量自回归模型。该模型可以被用于分析宏观供需关系（Blanchard & Quan，1989）、宏观经济状况（Bernanke，1986；Sims，1981、1986a）、货币政策（Leeper et al.，1996）以及描述总统支持率和宏观经济的关系（Williams，1990）。瓦格纳和扎正在进行模型的理论推进（Waggoner & Zha，2003）。

最后，尽管我们运用一个向量自回归模型来分析多元时间序列数据，但其目标在于不同时间序列之间的动态性和内生关系。本书已经示范了一些描述时间序列之间动态关系的主要方法，还提及了一些相关的模型，例如同期方程模型、误差纠正模型和结构方程模型。无论运用哪种方法，目的都是一样的，即回答不同时间序列之间的动态关系是什么样的？变量之间是不是彼此内生的？

附　录

多元时间序列分析的软件

标准的回归软件也可以用于分析多元时间序列数据。如果想对自回归整合移动平均模型或者同时方程模型进行估计,许多统计软件都包含相关程序和假设检验的功能。但是,大多数从事时间序列分析的研究者很快会发现,这些常用的回归软件对识别时间序列数据的性质来说效果很差。因此,我们有必要在这里列出几条选择分析软件的意见。

进行一项时间序列数据分析时,需要知道的第一件事是,我们想要用时间序列数据做不同的事情(Brandt, 2002)。

第一,我们想要通过时间序列的子样本的组合来构建符合我们理论问题的时间序列数据。我们经常遇到需要把收集的数据切分成不同时间段的情况。尽管这一工作可以运用相关的统计软件来做,但是对数据和日期的设定十分关键,这需要软件能够识别带有时间序列性质的数据中的变量,并且知道如何将数据分组。好的时间序列软件能够较好地完成这一工作。

第二,时间序列软件能够识别、建构和控制具有时间单位的数据。这就要求软件中含有产生变量提前值或者滞后值的函数。另一个函数方面的重要要求是,它必须能够将二位计数的年份转换成四位计数的年份(如果数据同时包括 20

世纪和21世纪的年份)。有关时间和日期单位的工作可以由具有时间序列绘图功能的软件完成。

第三,对于结构方程和向量自回归模型来说,假设检验以及模型的拟合是与标准回归模型不同的。好的时间序列软件能出色地完成对自回归、格兰杰因果、滞后时长选择、单位根、误差纠正模型等问题的检验和诊断。

第四,只有时间序列软件能够胜任对一些复杂模型的设定和计算。我们也可以运用多元线性回归的软件来对向量自回归模型和多阶段同时方程模型进行估计。但是模型中的动态模拟、冲击乘子、冲击反应效应、创新计算、蒙特卡洛模拟和误差范围的建立等问题只能通过专门的时间序列软件来完成。因此,我们应该花时间来甄别什么软件和程序语言是进行时间序列分析所需要的。

最后,根据我们以往教学、分析和发展多元时间序列模型的经验,我们认为,一个好的时间序列软件能够提供更快捷、更有效和更少错误的分析。

我们的主要目的并不是建议"某一个"程序或者软件包,而是指出被用于分析的软件应该具有以下一些功能。如果所用的软件在分析某些问题时存在缺陷,那么就不能用该软件进行此类分析,而是换用其他更合适的软件来完成这些工作。如果想对向量自回归模型的冲击反应进行假设检验,那么我们就必须选择能够对冲击反应、创新计算以及这些问题的各种例外情况进行分析的软件。

从我们的经验来看,有很多统计分析软件可被用于时间序列模型的分析。以下是几条挑选软件的基本标准:第一,所用的软件必须能够识别多元时间序列模型,并且包含分析向量自回归模型和结构方程模型的基本工具。第二,软件中含有一些专门的时间序列分析的模块。这些程序包括专门的假设检验和模型拟合方法。最后,软件必须包含较高水平的程序语言,从而能够用于专门的时间序列模型。因为时间序列模型中包含许多十分复杂的代数矩阵和时间序列函数,所以在这里,我们对一些软件进行一个简要的概览。

第一组软件包括 SPSS、SAS 和 Stata。这些基本的程序被广泛地用于社会科学的研究中。它们都可以完成一些时间序列分析。SAS 和 Stata 包括了很多专门估计向量自回归模型、冲击反应、创新计算、滞后时长以及格兰杰因果检验的程序。在 Stata 中,"help var"命令可以提供模型解释的一些说明。在 SAS 中,VARMAX 程序可以估计向量自回归模型、贝叶斯向量自回归模型以及向量误差纠正模型。SPSS 在这方面相对较弱,只能分析一些简单的同时方程模型。

还有一些软件程序是专门为时间序列分析而设计的。它们含有图形界面,需要编辑命令或允许不同模式之间的互动。Estima's RATS(时间序列回归分析)程序和 CATS(时间序列协同整合分析)程序能够为多元时间序列模型提供广泛的分析。在向量自回归模型分析软件中,运用最广泛的那些程序都是汤马斯·多恩(Thomas Doan)写的。RATS 软件十分强大,但是该软件没有图形界面,所有的分析都必须通过自己编写命令来完成。该软件可以对向量自回归模型中的所有情况进行估计,也可以通过简单的矩阵程序软件来分析自己设定的模型。

JMulti 是另一个可用于分析向量自回归和向量误差纠正模型的软件。卢克波尔和克拉茨的书对该软件有详细的描述(Lutkepohl & Kratzig, 2004)。它可以通过冲击反应和创新计算对模型提供广泛的假设检验和解释。Eviews 是一个同时包含命令界面和图形界面的时间序列分析软件,可被用于分析单变量和多变量时间序列分析。最后,Ox 和 Oxmetric 软件也可以被用于上述分析。Ox 既可以通过图形界面进行分析,也允许分析者自己按照程序语言来编辑命令,从而对时间序列模型提供广泛的分析。

最后一组软件是一些具有高水平的程序语言和统计分析的软件,包括对代数矩阵和统计分析的 Aptech's Gauss 程序,还有 Insightful's Splus 软件,我们还可以用图形界面或者强大的 S 语言来进行统计和绘图分析。这些强大的程序包括"图书馆"、"软件包"和"工具栏",能够为向量自回归和向量误差纠正模型提供很好的分析。这些高水平的程序语言需要分析者自己编写命令。然而,这些强大的功能也要付出一些代价,即它没有提供详细的时间序列函数,这就意味着,很多程序都需要分析者自己进行编写。

有关软件的其他信息可以很轻易地在互联网上找到。所有上述软件都可以在微软 Windows、苹果 OSX 和 Unix/Linux 操作系统中运行。

注释

[1] 一个显著的例外是经济学中的供求关系模型。

[2] 基本的要求是，方程中外生变量或者先决变量的数量一定要大于内生变量减去1。

[3] 这与结构方程模型识别的标准定义一致(Judge, Griffiths, Hill, Lutkepohl & Lee, 1985: 573—574)。

[4] 弗里曼对该观点进行了具有说服力的讨论(Freedman, 1989)。

[5] 这里的重点是，与线性回归或同时方程模型的使用者类似，矩阵右边的变量必须是“满秩”的，或者符合对阶和秩的限定条件。尽管在实际操作中，模型即使满足了这些秩和阶的要求，也可能出现无法识别的情况，或者可能与其他的表述形式等同，即参数并不是变量的唯一表达形式。在这种情况下，我们就需要借助一些准则来完成模型的识别。

[6] 一般来说，时间序列整合到 d 阶可以被记作 $I(d)$，表示要进行 d 次求差来保证数据的稳定性。同样的 d 阶时间序列可以一起被放入模型。

[7] 我们也可以纳入一个移动平均成分或者建构一个向量自回归移动平均模型(详见 Lutkepohl, 2005)。

[8] $(m \times n)$ 矩阵 A 和 $(p \times q)$ 矩阵 B 的克罗尼克乘积是下列 $(mp) \times (nq)$ 矩阵：

$$A \otimes B = \begin{bmatrix} a_{11}B & a_{12}B & \cdots & a_{1n}B \\ a_{21}B & a_{22}B & \cdots & a_{2n}B \\ \vdots & \vdots & \cdots & \vdots \\ a_{m1}B & a_{m2}B & \cdots & a_{mn}B \end{bmatrix}$$

[9] 这些推导的最大似然方法见汉米尔顿的著作(Hamilton, 1994)。

[10] 这点很重要：去除季节性的数据可以用自回归移动平均方法或者 X11 过程来放大季节性的序列相关。在向量自回归模型中加入足够多的滞后项，可以帮助我们正确地把握这些序列相关的模式。

[11] 运用过多彼此高度相关的滞后项可能会导致 $(X'X)$ 矩阵不可逆，也就是说，无法计算最小二乘估计。

[12] 请注意，对似然比检验的计算和似然函数不同，我们不必对误差协方差矩阵 Σ 进行转置。这是因为下列简化形式(运用行列式和对数形式的性质)：

$$
\begin{aligned}
2(L(\hat{\Sigma}, B, p_1) - L(\hat{\Sigma}, B, p_0)) &= 2\left[\frac{T}{2}\log|\hat{\Sigma}_1^{-1}| \frac{T}{2}\log|\hat{\Sigma}_0^{-1}|\right] \\
&= T\left(\log\left(\frac{1}{\hat{\Sigma}_1}\right) - \log\left(\frac{1}{\hat{\Sigma}_0}\right)\right) \\
&= -T(-\log(\hat{\Sigma}_1) + \log(\hat{\Sigma}_0)) \\
&= T(\log(\hat{\Sigma}_0) - \log(\hat{\Sigma}_1))
\end{aligned}
$$

[13] 对乘数检验进行调整的典型做法是伯努利 P 值调整或者瑟达克调整 P 值。对序列中第 k 个滞后值进行检验的伯努利调整值是 $p_i^b = \min(1, kp_i)$，其中 k 是假设检验中滞后项的个数，p_i 是未调整的 P 值(假设为 0.05)。相应的瑟达克调整是 $p_i^s = 1-(1-p_i)^k$。

[14] 关于这一点，我们可以在 $\log|\hat{\Sigma}|$ 不会发生变化的假设下通过对比 AIC($p+1$) 和 AIC(p)来实现。两者的差别将是 m^2 的倍数。所以，$\log|\hat{\Sigma}|$ 从 $p+1$ 到 p 个滞后值的变化必须比更多的参数带来的惩罚因子大 m^2，检验结果才会支持更为简化的模型。

[15] 平方矩阵的迹是其对角线所有元素的加总。

[16] 另一种方法请见西姆斯的著作(Sims，1972)以及弗里曼的著作(Freedman，1983)。

[17] 本节是从布兰特和弗里曼讨论评估向量自回归模型动态性的不确定性的文章中节选出来的。

[18] 对蒙特卡洛抽样方法的介绍，请参见穆尼的著作(Mooney，1997)。

[19] 误差纠正模型很少用于稳定时间序列数据，因为如果没有随机趋势，出现虚假回归的风险也很低。但是，许多经济和社会变量存在单位根和随机趋势的性质，所以在模型中有这类变量时，应该将其当做单位根过程处理。

[20] 这一表述方式与多于两个变量的向量误差纠正模型一样，因为 y_t 可以用于多于两个变量的矩阵。

[21] 参见 DeBoef 和 Granato，1997。

[22] 例子中使用的数据和 RATS 软件命令可以在作者的网站上找到。

[23] 埃里克森等人提供了一系列动态模拟和进行误差纠正的方法来分析这些变量(Erikson，2002)。

[24] 另外，如果我们认为宏观政党参与这个非负取值的变量在理论上不可能存在单位根，那么就可以省略对该变量的检验。

[25] 如果严格遵循赤池信息准则来对模型进行选择，那么就会导致最终选择的模型包括太多的滞后项(Lutkepohl，2004)。

[26] 在后文中，我们加入两个滞后项，其结果是一样的。

[27] 对于较长的时间范围，我们可以只报告主要时期的预测误差方差的分

解结果。

[28] 改变变量的顺序会改变考利斯基分解的标准化以及在计算移动平均反应时方程的顺序。

[29] 运用同样的数据对单位根和可能的协同整合关系进行讨论的内容，参见 Inclan，Quinn 和 Shapiro，2001。对于运用这一数据所做的其他向量自回归分析，请见弗里曼等人的著作(Freeman et al.，1998)。

[30] 运用伯努利和瑟迪克 P 值调整方法时，我们还运用了 8 个滞后项的模型。但是结果和我们先前所列出的是一样的，因此我们选择较为简洁的模型。

[31] 双变量向量自回归模型产生的假设检验结果具有渐进正确性。如果出现了单位根，那么我们可以对求一阶差以后的数据运用向量自回归模型进行评估。

[32] 请注意，这一结果与威廉姆斯和柯林斯的结果略有不同，他们错误地将 8 个滞后项的方程估计结果报告为 4 个含有滞后项的方程估计结果。

[33] 这些结果和威廉姆斯和柯林斯的结果类似，但是并不完全相同。他们对于预测误差方差的分解是基于时变贝叶斯向量自回归模型的，但是本书的结果是基于非限定性的，不优先考虑贝叶斯过程的非时变的向量自回归结果。

参考文献

Banerjee, A., Dolado, J. J., Galbraith, J. W., & Hendry, D. F. (1993). *Co-integration, error correction and the econometric analysis of non-stationary data*. Oxford, UK: Oxford University Press.

Bemanke, B. (1986). "Alternative explanations of the money-income correlation." In *Carnegie-Rochester conference series on public policy*. Amsterdam: North-Holland.

Blanchard, O., & Quah, D. (1989). "The dynamic effects of aggregate demand and supply disturbances." *American Economic Review*, *79*, 655—673.

Box, G. E. P., & Jenkins, G. M. (1970). *Time series analysis, forecasting and control*. San Francisco: Holden Day.

Box-Steffensmeier, J. M., & Smith, R. M. (1996). "The dynamics of aggregate partisanship." *American Political Science Review*, *90* (3), 567—580.

Brandt, P. T. (2002). "Using the right tools for time series data analysis." *Political Methodologist*, *10*(2), 22—26.

Brandt, P. T., & Freeman, J. R. (2006). "Advances in Bayesian time series modeling and thestudy of politics: Theory testing, forecasting, and policy analysis." *Political Analysis*, *14*(1), 1—36.

Clarke, H. D., Ho, K., & Stewart, M. C. (2000). "Major's lesser (not minor) effects: Prime ministerial approval and governing party support in Britain since 1979." *Electoral Studies*, *19*, 255—273.

Cooley, T. F., & LeRoy, S. F. (1985). "Atheoretical macroeconomics: A critique." *Journal of Monetary Economics*, *16*, 283—308.

Cromwell, J. B., Labys, W. C., Hannan, M. J., & Terraza, M. (1994). *Multivariate tests for time series models*. Thousand Oaks, CA: Sage.

DeBoef, S., & Granato, J. (1997). "Near inte grated data and the analysis of political relation-ships." *American Journal of Political Science*, *41* (2), 619—640.

Doan, T., Litterman, R., & Sims, C. (1984). "Forecasting and conditional projection using realistic prior distributions." *Econometric Reviews*, *3*, 1—100.

Dolado, J. J., & Lutkepohl, H. (1996). "Making Wald tests work for cointegrated VAR systems." *Econometric Reviews*, *15*(4), 369—386.

Engle, R. F., & Granger, C. W. J. (1987). "Co-integration and error correction: Representation, estimation and testing." *Econometrica*, *55*, 251—276.

Erikson, R. S., MacKuen, M. B., & Stimson, J. A. (2002). *The macro-polity*. New York: Cambridge University Press.

Freeman, J. R. (1983). "Granger causality and the time series analysis of political relationships." *American Journal of Political Science*, *27*(3), 327—358.

Freeman, J. R., Williams, J. T., Houser, D., & Kellstedt, P. (1998). "Long memoried processes, unit roots and causal inference in political science." *American Journal of Political Science*, *42*(4), 1289—1327.

Freeman, J. R., Williams, J. T., & Lin, T.-M. (1989). "Vector autoregression and the study of politics." *American Journal of Political Science*, *33*, 842—877.

Granger, C. W. J. (1969). "Investigating causal relations by econometric models and cross-spectral methods." *Econometrica*, *37*, 424—438.

Granger, C. W. J., & Newbold, P. (1974). "Spurious regressions in econometrics." *Journal of Econometrics*, *2*, 111—120.

Granger, C. W. J., & Newbold, P. (1986). *Forecasting economic time series* (2nd ed.). San Diego, CA: Academic Press.

Hamilton, J. D. (1994). *Time series analysis*. Princeton, NJ: Princeton University Press.

Harvey, A. C. (1990). *The econometric analysis of time series* (3rd ed.). Cambridge, MA: MIT Press.

Hatanaka, M. (1975). "On the global identification of the dynamic simultaneous equations model with stationary disturbances." *International Economic Review*, *16*(3), 545—554.

Inclan, C., Quinn, D. P., & Shapiro, R. Y. (2001). "Origins and consequences of changes in US corporate taxation, 1981—1998." *American Journal of Political Science*, *45*(1), 179—201.

Johansen, S. (1995). *Likelihood-based inference in cointegrated vector autoregressive models*. Oxford, UK: Oxford University Press.

Judge, G., Griffiths, W. E., Hill, R. C., Lutkepohl, H., & Lee, T.-C. (1985). *Theory and practice of econometrics* (2nd ed.). New York: Wiley.

Kilian, L. (1998). "Small-sample confidence intervals for impulse response functions." *Review of Economics and Statistics*, *80*, 186—201.

Krolzig, H.-M. (1997). *Markov-switching vector autoregressions: Modelling, statistical inference, and application to business cycle analysis*. Berlin: Springer.

Kwiatkowski, D., Phillips, P. C. B., Schmidt, P., & Shin, Y. (1992). "Testing the null hypothesis of stationarity against the alternative of a unit root." *Journal of Econometrics*, *54*, 159—178.

Leeper, E. M., Sims, C. A., & Zha, T. (1996). "What does monetary policy do?" *Brookings Papers on Economic Activity*, *2*, 1—63.

Litterman, R. B., & Weiss, L. (1985). "Money, real interest rates, and output: A reinterpretation of postwar U. S. data." *Econometrica*, *53* (1), 129—156.

Lutkepohl, H. (1985). "Comparison of criteria for estimating the order of a vector." *Journal of Time Series Analysis*, *6*, 35—52. (Correction: 1987, 8, 373)

Lutkepohl, H. (1990). "Asymptotic distributions of impulse response functions and forecasterror variance decompositions in vector autoregressive models." *Review of Economics and Statistics*, *72*, 53—78.

Lutkepohl, H. (2004). "Vector autoregressive and vector error correction models." In H. Lutkepohl & M. Kratzig (Eds.), *Applied time series econometrics* (pp. 86—158). Cambridge, UK: Cambridge University Press.

Lutkepohl, H. (2005). *New introduction to multiple time series analysis*. Berlin: Springer.

Lutkepohl, H., & Kratzig, M. (Eds.). (2004). *Applied time series econometrics*. Cambridge, UK: Cambridge University Press.

Lutkepohl, H., & Reimers, H.-E. (1992a). "Granger-causality in cointegrated VAR processes: The case of term structure." *Economics Letters*, *40*, 263—268.

Lutkepohl, H., & Reimers, H.-E. (1992b). "Impulse response analysis of cointegrated systems." *Journal of Economic Dynamics and Control*, *16*, 53—78.

Mills, T. (1991). *Time series techniques for economists*. Cambridge, UK: Cambridge University Press.

Mittnik, S., & Zadrozny, P. A. (1993). "Asymptotic distributions of impulse responses, step responses, and variance decompositions of estimated linear dynamic models." *Econometrica*, *20*, 832—854.

Mooney, C. Z. (1997). *Monte Carlo simulation*. Thousand Oaks, CA: Sage.

Ostrom, C. (1990). *Time series analysis: Regression techniques*. Thousand Oaks, CA: Sage.

Ostrom, C., & Smith, R. (1993). "Error correction, attitude persistence, and executive rewards and punishments: A behavioral theory of presidential approval." *Political Analysis*, *3*, 127—184.

Pagan, A. (1987). "Three econometric methodologies: A critical appraisal." *Journal of Economic Surveys*, *1*(1), 3—24.

Philips, C. B. (1986). "Understanding spurious regressions in econometrics." *Journal of Econometrics*, *33*, 311—340.

Reinsel, G. C. (1993). *Elements of multivariate time series analysis*. New York: Springer-Verlag.

Runkle, D. E. (1987). "Vector autoregressions and reality." *Journal of Business and Economic Statistics*, *5*, 437—442.

Saikkonen, P., & Lutkepohl, H. (1999). "Local power of likelihood ratio tests for the cointegrating rank of VAR processes." *Econometric Theory*, *15*, 50—78.

Saikkonen, P., & Lutkepohl, H. (2000a). "Testing for cointegrating rank of a VAR process with an intercept." *Econometric Theory*, *16*, 373—406.

Saikkonen, P., & Lutkepohl, H. (2000b). "Trend adjustment prior to testing for the cointegrating rank of a vector autoregressive process." *Journal of Time Series Analysis*, 21, 435—456.

Sims, C. A. (1972). "Money, income, and causality." *American Economic Review*, *62*, 540—552.

Sims, C. A. (1980). "Macroeconomics and reality." *Econometrica*, *48*(1), 1—48.

Sims, C. A. (1981). "An autoregressive index model for the U. S., 1948—1975." In J. Kmenta & J. B. Ramsey(Eds.), *Large-scale macro-econometric models*(pp. 283—327). Amsterdam: North-Holland.

Sims, C. A. (1986a). "Are forecasting models usable for policy analysis?" *Quarterly Review, Federal Reserve Bank of Minneapolis*, *10*, 2—16.

Sims, C. A. (19866). "Specification, estimation, and analysis of macroeconomic models." *Journal of Money, Credit and Banking*, *18* (1), 121—126.

Sims, C. A. (1987). "Comment [on Runkle]." *Journal of Business and Economic Statistics*, *5*(4), 443—449.

Sims, C. A. (1988). "Uncertainty across models." In *Papers and proceedings of the one-hundredth annual meeting of the American Economic Association* (pp. 163—167). Nashville, TN: American Economic Association American Economic Review.

Sims, C. A. (1996). "Macroeconomics and methodology." *Journal of Economic Perspectives*, *10*, 105—120.

Sims, C. A., Stock, J. H., & Watson, M. W. (1990). "Inference in linear time series models with some unit roots." *Econometrica*, *58*(1), 113—144.

Sims, C. A., & Uhlig, H. (1991). "Understanding unit rooters: A helicopter tour." *Econometrica*, *59*(6), 1591—1599.

Sims, C. A., & Zha, T. (1998). "Bayesian methods for dynamic multivariate models." *International Economic Review*, *39*(4), 949—968.

Sims, C. A., & Zha, T. (1999). "Error bands for impulse responses." *Econometrica*, *67*(5), 1113—1156.

Stimson, J. (1999). *Public opinion in America: Moods, cycles, and swings* (2nd ed.). Boulder, CO: Westview.

Toda, H. Y., & Phillips, P. C. B. (1993). "Vector autoregressions and causality." *Econometrica*, *61*(6), 1367—1393.

Toda, H. Y., & Yamamoto, T. (1995). "Statistical inference in vector autoregressions with possibly integrated processes." *Journal of Econometrics*, *66*, 225—250.

Waggoner, D. F., & Zha, T. (1999). "Conditional forecasts in dynamic multivariate models." *Review of Economic and Statistics*, *81* (4), 639—651.

Waggoner, D. F., & Zha, T. A. (2003). "A Gibbs sampler for structural vector autoregressions." *Journal of Economic Dynamics & Control*, *28*, 349—366.

Williams, J. T. (1990). "The political manipulation of macroeconomic policy." *American Political Science Review*, *84*(3), 767—795.

Williams, J. T. (1993). "What goes around comes around: Unit root tests and cointegration." *Political Analysis*, *4*, 229—235.

Williams, J. T., & Collins, B. K. (1997). "The political economy of corporate taxation." *American Journal of Political Science*, *41* (1), 208—244.

Williams, J. T., & McGinnis, M. D. (1988). "Sophisticated reaction in the U. S. -Soviet arms race: Evidence of rational expectations." *American Journal of Political Science*, *32*(4), 968—995.

Wold, H. (1954). *A study in the analysis of stationary time series* (2nd ed.). Uppsala, Sweden: Almqvist and Wiksell.

Zapata, H. O., & Rambaldi, A. N. (1997). "Monte Carlo evidence on cointegration and causation." *Oxford Bulletin of Economics and Statistics*, *59*(2), 285—298.

Zellner, A. (1971). *An introduction to Bayesian inference in econometrics.* New York: Wiley Interscience.

Zellner, A., & Palm, F. C. (Eds.). (2004). *The structural econometric time series analysis approach*. Cambridge, UK: Cambridge University Press.

Zha, T. (1998). "A dynamic multivariate model for the use of formulating policy." *Economic Review* (*Federal Reserve Bank of Atlanta*), *83*(1), 16—29.

译名对照表

Autoregressive Distributed Lag Models(ADLM)	分布滞后自回归模型
Autoregressive Integrated Moving Average(ARIMA)	自回归整合移动平均法
Box-Jenkins univariate time series analysis	博克斯—詹金斯单时间序列分析
Breusch-Godfrey Lagrangian multiplier	布雷施—戈弗雷拉格朗日乘子法
Cholesky decomposition	考利斯基分解
cointegration	协同整合
Error Correction Models(ECMs)	误差修正模型
factor analysis	(动态)因子分析
impulse response analysis	冲击反应分析
Impulse Response Function(IRF)	冲击反应函数
innovative accounting	创新计算
Moving Average Response Analysis (MARA)	移动平均反应分析
multivariate seemingly unrelated regression model	多元相依回归
portmanteau test	混数检验
seemingly unrelated regressions	似乎不相关回归
simultaneous equation model	同时方程模型
Simultaneous or Structural Equation Systems(SES)	同时方程或结构方程系统
Vector Autoregression(VAR)	向量自回归
Wald decomposition theorem	沃德分解定理

图书在版编目(CIP)数据

多元时间序列模型/(美)布兰特(Brandt，P. T.)，(美)威廉姆斯(Williams，J. T.)著；辛济云译. —上海：格致出版社：上海人民出版社，2012
(格致方法·定量研究系列)
ISBN 978-7-5432-2201-4

Ⅰ. ①多… Ⅱ. ①布… ②威… ③辛… Ⅲ. ①多元-时间序列分析-模型 Ⅳ. ①O211.61

中国版本图书馆CIP数据核字(2012)第277799号

责任编辑 顾 悦

格致方法·定量研究系列
多元时间序列模型
[美]帕特里克·T. 布兰特 约翰·T. 威廉姆斯 著
辛济云 译

出 版 世纪出版集团 www.ewen.cc 格致出版社 www.hibooks.cn 上海人民出版社
(200001 上海福建中路193号24层)

格致出版
编辑部热线 021-63914988
市场部热线 021-63914081

发 行 世纪出版集团发行中心
印 刷 浙江临安曙光印务有限公司
开 本 920×1168毫米 1/32
印 张 5
字 数 76,000
版 次 2012年12月第1版
印 次 2012年12月第1次印刷
ISBN 978-7-5432-2201-4/C·95
定 价 15.00元

Multiple Time Series Models

上海市版权局著作权合同登记号:图字 09-2009-550